諸外国の森林投資と林業経営
― 世界の育林経営が問うもの ―

森林投資研究会［編］

餅田治之・上河　潔・堀　靖人・大塚生美・大渕弘行
増田美砂・グエン トゥ トゥイ・岩永青史・小坂香織［著］

▲森林投資国際会議の会場、ワールド フォレストリー センターの外観（アメリカ・オレゴン州）

▲企業の苗畑の風景（アメリカ・オレゴン州）

◀素材生産協同組合でのミーティング
（アメリカ・アラバマ州）

▲1万ha余所有する大山林所有者の社屋（アメリカ・オレゴン州）

▲TIMOの入荷先パルプ・チップ工場の土場（アメリカ・アラバマ州）

▲パルプ・チップ工場入荷待ちのトラックの列（アメリカ・アラバマ州）

▲アメリカ南部地域の高性能林業機械（アメリカ・アラバマ州）

▲アメリカ南部地域の伐採風景（アメリカ・アラバマ州）

▲アメリカPNW地域の架線集材の風景(アメリカ・オレゴン州)

▲アメリカPNW地域の製材用材のトラック輸送(アメリカ・オレゴン州)

▲牧草地から転換し、パートナーシップ造林が行われている（ニュージーランド）

▲パートナーシップ造林事業地におけるタワー集材現場の山土場積込みの様子（ニュージーランド）

▲ユーカリ植林地の移動式チッパーによる積込みの様子(オーストラリア)

▲ユーカリ植林地のスキッダー集材作業(オーストラリア)

▲バイオマス植林用との組合せ経営による合板・家具用ポプラの高木仕立て（ハンガリー）

▲ポプラの高木仕立て、西ハンガリー大学教授による品種改良の説明（ハンガリー）

▲育種をはじめとする研究を担うハンガリー林業試験場(ハンガリー)

▲バイオマス植林地の町シュメグ(ハンガリー)

▲日本の林産企業の資本移転先の植林地風景（ブラジル）

▲元日本の林産企業の資本の植林地風景（在来種との混交林）、現在TIMO所有（チリ）

▲私有地のファルカタ林、地域住民による契約造林の風景(インドネシア)

▲農家から集荷された小径木(インドネシア)

▲集落の中にある製材所（インドネシア）

▲村の製材所は住民が生産する木材を加工、契約造林会社等に納材・販売（インドネシア）

▲植林会社の苗畑、地元住民による育苗作業(ベトナム・ビンディン省)

▲アカシアの植林地(ベトナム・トゥアティエン=フエ省)

▲保護林に区分された天然林の管理は特定の世帯に委託されていたが、集落の住民は事実上自由に自給用木材や非木材林産物（写真は、伝統的な餅菓子に用いられる*Phrynium parviflorum* Roxb. の葉）を採集していた（ベトナム・バッカン省）

▲非木材林産物で生計を立てる少数民族の集落に対しても、FLA が実施された（ベトナム・クアンビン省の国境近く）

▲FLAによって世帯に割り当てられた林地の権利証（画像の一部筆者改変、ベトナム）

はじめに

世界の林業は、天然林を生産対象とする採取的林業と、森林を人工的に造成し、この人工林を木材生産の対象とする育成的林業が併存している。国際連合食糧農業機関(Food and Agriculture Organization of the United Nations：FAO)の統計によれば、世界の人工林面積は1980年の1,780万ha、1990年の4,360万ha、2000年の1億8,700万ha、2015年には2億9,000万haへと、急速な勢いで増加した[1)]。人工林面積は世界の総森林面積の7%を占めるに過ぎないが、商業用伐採の中心的役割を担うようになってきている。

わが国の木材市場が外材に席巻され、国産材の自給率が次第に低下していったのは、外材と国産材の競争が、安価な天然林材と育成コストがかかった人工林材との競争であり、人工林材を中心とした国産材が天然林材である外材に敗れた結果であった。しかし今日の世界は、こうした採取的林業と育成的林業の併存する時代から、育成的林業を中心とした木材生産の時代へと移行しつつある。

この採取的林業から育成的林業への移行は、当然ながら生産対象の森林資源の質が変わるだけでなく、林業経営のあり方を大きく変える変革を内包している。わが国においては、かなり早い段階で採取的林業から育成的林業へ移行したが、世界では今まさにそれが展開している最中なのである。そこで、世界の林業が育林経営の時代に移行しつつある今日、その育林経営がどのように行われているか、その実態を明らかにすること、またわが国の育林経営とどのように違うか、その違いがどのような意味を持つか、等を明らかにすること、これが本書の目的である。

わが国の育林経営は、小規模な森林所有者による自営的な造林という形で展開した。この小規模森林所有者による自営的造林が長期にわたって継続され、この経営形態が将来にわたっても日本林業を牽引するものとして期待されてい

1) FAO(2015) Global Forest Resources Assessment 2015

た。それゆえ、わが国の主要な林業政策は、一貫して林家(自営的小規模森林所有者)を育林経営の担い手とする政策が展開されてきた。例えば1964年の林業基本法、2001年の森林・林業基本法、2010年から実施されている森林・林業再生プラン、2019年度から実施が予定されている森林経営計画制度など、どれをとっても主要な林業の担い手として自営的小規模森林所有者である林家が措定されており、林家が疲弊し彼らの育林経営活動が不活発になってからは、彼らの協同組合であり、彼らを支援する組織としての森林組合が政策対象とされてきた。しかし今日、わが国の育林経営は採算性が極端に悪化し、もはや「経営」とはいえない状態になってしまっている。世界の林業が天然林採取的な林業から人工林育成的林業へと移行し、育林経営も大きな変化を遂げているのにもかかわらず、わが国では依然として小規模・分散的な所有構造の下で非効率な経営が続けられており、森林は相変わらず所有者の資産として意識され、収益獲得を意図した近代的なビジネスからは遠くかけ離れた状態のまま維持されている。そうした性格に加え、長期にわたる木材価格の低迷により森林所有者の経営意欲はますます減退し、その結果近年では、造林地の放置、森林施業の放棄、主伐の回避、跡地造林の放棄、所有地の境界が分からなくなってきていること、立木販売時に土地まで含めて売却する動きが目立ってきていることなど、もはやわが国では林業経営が成立する基本的条件が崩され、所有者は経営から離脱する方向への動きが目立つようになってきている。これがわが国の育林経営の現状なのである。

これに対して今日の世界では、年金基金や労働組合の基金といった巨大な投資ファンドが森林を買収し、それを育林経営の専門家が経営を行うTIMO(Timber Investment Management Organization：林地投資経営組織)や、規模の大きな投資家が森林を不動産投資信託として経営を行うT-REIT(Timber-Real Estate Investment Trust：林業不動産投資信託)のように、徹底的に経営合理性を追求した育林経営が展開している。それはわが国の育林経営のように小規模森林所有者による自営的な育林経営とは全く異なり、数万haから数百万haに達する巨大な規模であり、育林経営に必要な各種ノウハウの専門家により、超合理的に組織化された企業的育林経営である。今日ではこれが北米・南米・オセアニアにおける重要な木材供給の担い手となっており、ヨーロッパやアフリカにおいても、次第にこのTIMOの林業経営が普及しているのである。投資ファンドが育林経営に投資するのは、投資に対するリターンが期待されるからである。TIMOやT-REIT等の巨大な企業的育林経営は、わが国の育林経営とは違って、森林造成、保育、林道・作業道の敷設、機械の導入などに対する政策的助成を受けること無しに、企業的利潤が確保されることは言うまでもない。今日世界の育林経営は、わが国の育林経営とは異なり、こうした産業になっているのである。

もちろん世界にはこうしたTIMOやT-REITのような巨大な企業的育林経営が展開し始めているのと同時に、わが国に見られるような小規模所有に基づく自営的育林経営も、今なお存在している。しかしこれら従来型の森林所有に基づく育林経営も、わが国の林家による育林経営とは違って、林業全体が天然林採取的林業と人工林育成的林業が併存した状況から、育成的林業へと移行する時代に入り、変化を遂げているように見えるのである。

本書では、世界の林業が天然林採取的な林業から人工林育成的林業へと移行する過程で、TIMOやT-REITといった新たなタイプの育林経営がどのように行われているか、その実態を考察すると同時に、従来型とも言える農民的林業が新たな動きに対応している実態を描き出すことを課題としている。

本書の執筆者について、簡単に紹介しておくことにする。上河潔氏は、林野庁を退職されたあと、日本製紙連合会常務理事を経て、現在は公益社団法人森林・自然環境技術教育センターの事務局長を担っておられる。製紙連合会では、製紙原料となる世界の木材資源の現状認識と、木材供給が直面する課題について、世界各国において現地調査を含めた調査研究活動を続けてきた。製紙原料の造成に向けて世界各地で造林が進められている今日、それらを対象とした育林経営の現状に関しても最新の知見をもっておられる。

増田美砂氏は、筑波大学名誉教授で、特にかつてのオランダ植民地・イギリス植民地であった開発途上国について、土地制度、農村開発、自然資源管理、熱帯林保全などの現状分析を通じて、林業の展開が地域社会にどのような影響を与えてきたか、自然と社会および自然と人間のインターアクションを研究テーマとされてきた。増田氏は、日本における熱帯林研究の創生期から現在までの展開を牽引してきた研究者の一人である。

堀靖人氏は、現在、国立研究開発法人森林研究・整備機構森林総合研究所の研究コーディネーターを務め、森林政策論、森林組合論を主要な研究テーマにされている。ドイツへの留学以降は、ドイツを中心としたヨーロッパの森林・林業・林政問題に取り組み、ヨーロッパとわが国との比較を意識した研究が多く見られる。

大塚生美氏は、国立研究開発法人森林研究・整備機構森林総合研究所東北支所の主任研究員で、アメリカの林業・森林管理問題と、現代日本の林業展開の諸相を明らかにすることを主要な研究テーマにされている。本書ではそのなかでも、アメリカの森林経営の中でも近年大きな話題となっているTIMO・REITを取り上げ、アメリカ北西部地域と南部地域の林業の特徴を踏まえた詳細な分析を展開されている。

岩永青史氏は、国立研究開発法人森林研究・整備機構森林総合研究所の主任研究員で、国内外の木材加工業の原木調達を主要な研究テーマとしている。海外はインドネシア、ベトナムを主たるフィールドとし、インドネシアでは政府主導植林プログラムや企業による農民との契約造林と地域経済との関係、木材輸出問題等の研究を行っている。本書では、インドネシア・ジャワ島における農民造林を取り上げ、その制度、木材の需要動向、企業との契約造林などについて、現地調査を踏まえた分析をされている。

小坂香織氏は、筑波大学の社会人ドクターに在籍されている研究者で、今日ではもはや少なくなりつつあるニュージーランドのパートナーシップ造林を研究対象として取り上げ、その歴史的な展開、制度的な仕組み、都市住民による資金提供の実態、今後の可能性などについて分析されている。

大渕弘行氏は、王子製紙株式会社の在職中は、主に製紙原料調達を担当し、日伯紙パルプ資源開発に出向の経験を持つ。また、オーストラリアにおいてユーカリ造林・チップ輸出プロジェクトの経営者として長期駐在されている。王子製紙を退職された後、王子木材緑化の監査役を経て、海外産業植林センターの専務理事として、わが国の製紙工場の原料となっている海外植林の現状と課題について、情報収集と分析を進めてこられた。

以上見てきたように、本書の執筆者はみなそれぞれの分野のエキスパートである。今日の世界における人工造林と育林経営の展開と現状を認識する上で、本書が少しでも参考になれば幸いである。

最後に、本書刊行のきっかけは、日本製紙連合会・海外産業植林センターによる「海外植林事業の新たな経営手法の開発調査」(平成28、29年度)にある。本書はその報告書をベースに、加筆修正したものである。執筆者はその報告書作成のメンバーであり、森林投資研究会は、本書刊行を目的に発足させたものである。

令和元年8月

公益社団法人大日本山林会
副会長　餅田治之

諸外国の森林投資と林業経営

目　次

口　絵（写真タイトル）

第Ⅰ部
日本の製紙企業にみる海外森林投資の歴史と世界の森林投資の今日

森林投資に係る国際会議の様子：Who Will Own the Forest? Conference
(World Forestry Center, Portland, Oregon)

第１章　製紙企業の海外への森林投資の歴史

はじめに

わが国の製紙企業は、これまでに、植林木伐採跡地の他、牧草地、荒廃地等の無立木地において積極的に海外植林を推進しており、2016年末時点では、オセアニア、南米、アジア、アフリカの11か国で31プロジェクト、44万7,000 haに達している。これによって、国内外で所有又は管理する植林面積は59万haとなった。日本製紙連合会は「環境行動計画」において、国内外の植林地を2020年度までに70万haへ、2030年度までに80万haへ拡大することとしている[1]。

このような製紙企業による海外植林は、木材チップ供給の安定確保を主な目的としながらも、京都議定書等による地球温暖化対策の一環として森林がCO_2吸収源として注目が集まったことを契機に、1990年代から本格的に拡大してきたが、それ以前においても、いくつかの先駆的な取り組みが行われてきた。

1. 1990年代以前の製紙企業の海外植林の経緯

日本が海外植林に関心を持ったのは、昭和初期にまで遡り、1935年には、北ボルネオ(英領)においてパルプ業界と帝国森林会が、造林試験(3か所、17樹種、120 ha)を開始したが、太平洋戦争の勃発により中止に至っている。戦後は、1965年頃から製紙産業においてパルプ原料確保の長期対策の必要性が高まり、1970年には社団法人・南方造林協会が設立され、造林候補樹種の選択、造林用地の探求調査、造林試験に着手して、国の助成による1,384 haの試験造林地が

表1-1　社団法人・南方造林協会の試験造林

試験地	実施企業	試験樹種	試験年次	面積(ha)	試験費用(万円)	試験成績
西マレーシア・ジョホール州	王子製紙の現地法人	パイン類 広葉樹類	1971～1975	451	13,073	カリビアンパイン良好 広葉樹不良
西マレーシア・セランゴール州	大昭和製紙の現地法人	パイン類	1971	23	1,397	カリビアンパイン良好
西マレーシア・ジョホール州	大昭和製紙の現地法人	パイン類	1974～1975	110	4,498	カリビアンパイン良好
東マレーシア・サバ州	MDI社の現地法人	パイン類	1974～1976	83	5,103	全般的に不良　なお、保育試験必要
インドネシア・スラウェシ島	山陽国策の現地法人	アガチス類 広葉樹類	1972～1974	110	3,427	全般的に不良　なお、保育試験必要
パプアニューギニア・マダン	本州製紙の現地法人	ユーカリ類	1974	50	2,058	ユーカリ類良好
パプアニューギニア・ニューブリテン島	山陽国策の現地法人	ユーカリ類	1975～1977	257	6,524	ユーカリ類良好
ソロモン諸島・コロンバンガラ島	南方造林協会、政府森林局	ユーカリ類 パイン類	1973～1975	300	4,139	ユーカリ類良好 アガチス不良
合計				1,384	40,219	

資料：一般社団法人・海外産業植林センター

造成された(表1-1)。

しかし、造林適地やカウンターパートの確保が困難なうえに、製紙不況の影響もあり、その後の事業の継続は果たせなかった[2]。

1975年からは国際協力事業団の融資により、パプアニューギニア、ニューカレドニアにおいて製紙企業2社(本州製紙、三菱製紙)による2,800 haの試験造林が実施されたが、事業化にはつながらなかった。一方、鉄鋼生産の燃料用に造成されたブラジルの植林地は、その後パルプ用にも利用されるようになり、日本に対して輸出の提案があったことから、1971年に調査会社が設立され、現地調査の結果、有望と判断されたため、現地にパルプ工場を建設することとなった。1973年には、調査会社を日伯紙パルプ資源開発(株)に改組。同社はブラジル国営企業リオドセ社と合弁でブラジルのミナスジェライス州にセニブラ社を設立し、パルプ工場の周辺に大規模なユーカリ植林地を造成した[3]。

2. 1990年代以降の製紙企業の海外植林の展開

1990年代になると、製紙企業の海外植林も本格化してきた。ラジアータパインの製材品や機械パルプを製造しているパンパック社に原料を供給することを目的に1991年に設立されたOSF4社(カーター ホルト ハーベイ リミテッド(CHHL)、王子製紙、山陽国策パルプ、パンパシフィック社)は、ニュージーランド北島のホークベイ地区において、人工林の伐採跡地にラジアータパインやユーカリの計画的な植林を開始したが、1999年にはパンパック社(王子製紙の子会社)に合併された[3)]。

通商産業省紙業印刷課長が中心となり、製紙企業、商社、流通業者の原材料担当責任者から構成される「紙の資源研究会」は、紙、板紙の需要及び生産予測から原材料の必要量を推定し、「2010年までに必要となる木材チップの3分の1を海外植林で賄うためには60万haの植林地が必要である」という報告書を1996年に発表した。これを受けて日本製紙連合会は、海外産業植林を推進するための新たな組織を創設することを決定し、前述の社団法人・南方造林協会を発展的に改組し、製紙企業以外の分野からも参加できるよう定款及び名称を改め、1998年に社団法人・海外産業植林センター(JOPP)を発足させた(会員は、製紙企業、商社、海運会社など98社[4)])。

このように海外産業植林の機運が高まったのには、気候変動枠組み条約の京都議定書が1997年に採択され、その中で森林の吸収源がクレジット化されるという大きな期待が高まったことがある。ただし、その後の交渉で、CDM(Clean Development Mechanism：クリーン開発メカニズム)植林の方法論が極めて厳格に定められ、BAU(Business As Usual：通常の経済行為)の産業植林は実質的にクレジット化からは排除された。また、日本製紙連合会は、海外植林の推進を「地球温暖化防止自主行動計画」の大きな柱に位置付け、「2010年までに国内外の植林面積を55万ha(うち海外植林40万ha)とする」ことを表明し、JOPPの植林適地調査等の実施など業界全体として海外植林の推進に取り組む姿勢を明確にしたため、製紙企業の海外植林面積は急速な拡大を見た(図1-1)。

2016年末時点では、日本の製紙企業の海外植林プロジェクトは、オセアニ

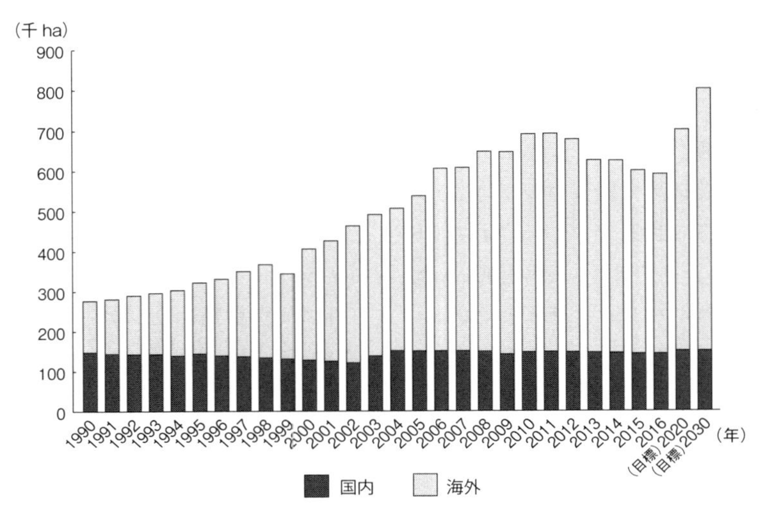

図 1-1　製紙企業の植林面積の推移

資料：日本製紙連合会

ア、北米、南米、アジア、アフリカの11か国(オーストラリア、ニュージーランド、カナダ、ブラジル、チリ、ベトナム、ラオス、中国、インドネシア、カンボジア、南アフリカ)で31プロジェクト、44万7,000 haに達している[5)](表1-2)。

製紙企業の海外産業植林プロジェクトは、基本的に以下の2つのカテゴリーに分類される[6)]。

① チッププロジェクト：牧草地、灌木地、荒廃地などの無立木地に早生広葉樹を植林し、現地でチップ工場を建設して、木材チップを日本に輸出する。

② パルププロジェクト：主に人工林の伐採跡地に早生広葉樹を再植林して、現地でパルプ工場を建設して、そこで生産されたパルプを日本に輸出する(ブラジルのセニブラ社やカナダのアルパック社)。

わが国の製紙企業の海外植林地は、牧草地、灌木地、荒廃地、人工林伐採跡地など、無立木地に造成されており、天然林を伐採して人工林化する、いわゆる林地転換(conversion)によるものではない(図1-2)。

また、製紙企業の海外植林実施のための事業形態には以下の5つがある[7)]。

① 単独型：製紙企業と商社など日本法人のみが出資して現地法人を設立し事

表1-2　製紙企業の海外植林プロジェクト

（千ha）

関係製紙会社	地域(国、州、省等)	植林事業開始年	2015年末	2016年末	主要樹種
日伯紙パルプ資源開発	ブラジル・ミナスジェライス州	1973	151.6	151.9	ユーカリ、パイン類他
大王製紙	チリ・第X州	1989	28.9	28.7	ユーカリ、ラジアータパイン他
三菱製紙	チリ・第Ⅷ州	1990	8.5	8.6	ユーカリ
日本製紙	チリ・第Ⅷ州	1991	12.9	12.8	〃
王子ホールディングス	ニュージーランド・北島	1991	34.8	34.6	ラジアータパイン、ダグラスファー、ユーカリ
〃	ニュージーランド・南島	1992	9.9	9.4	ユーカリ、ラジアータパイン
〃	オーストラリア・WA州	1993	16.3	14.5	ユーカリ
〃	ベトナム・ビンディン省	1995	10.3	10.3	ユーカリ、アカシア
日本製紙	オーストラリア・WA州	1996	9.5	9.4	ユーカリ
〃	南アフリカ・クワズール・ナタール州	1996	11.0	11.0	ユーカリ、アカシア、ラジアータパイン
〃	オーストラリア・SA州、ビクトリア州	1997	1.3	1.5	ユーカリ
王子ホールディングス	〃	1997	5.4	4.6	〃
日本製紙	オーストラリア・WA州	1999	0.6	-	〃
大王製紙	オーストラリア・タスマニア州	2000	5.3	-	〃
日本製紙	オーストラリア・ビクトリア州	2001	0.5	0.3	〃
〃	オーストラリア・WA州	2001	0.8	0.7	〃
〃	オーストラリア・SA州、ビクトリア州	2001	1.6	1.6	〃
王子ホールディングス	中国・広西杜族自治区	2002	2.6	1.5	〃
日本製紙	オーストラリア・ビクトリア州	2004	0.1	0.1	〃
王子ホールディングス	ラオス・カムアン県、ボリカムサイ県	2005	18.4	16.8	ユーカリ、アカシア、パイン類
〃	中国・広東省	2005	15.5	14.1	ユーカリ
中越パルプ工業	ベトナム・ドンナイ省、バリアブンタウ省	2005	1.5	1.5	アカシア
日本製紙	オーストラリア・ビクトリア州	2006	0.5	0.5	ユーカリ
〃	オーストラリア・WA州	2006	0.5	0.5	〃
〃	ブラジル・アマパ州	2006	49.5	52.1	ユーカリ、アカシア他
北越紀州製紙	南アフリカ、クワズール・ナタール州	2008	2.4	2.4	ユーカリ、アカシア、パイン類
王子ホールディングス	ラオス・アタプー県他　南部5県	2010	3.9	3.9	ユーカリ、アカシア他
〃	インドネシア・中央カリマンタン	2010	41.4	43.2	〃
〃	ベトナム・フーエン省	2012	2.3	2.3	アカシア
〃	カンボジア・カンポンチュナン州	2013	0.4	0.4	アカシア、ユーカリ
北越紀州製紙	カナダ・アルバータ州	2015	7.9	7.9	ポプラ
合　計			456.1	447.1	

注1）WA：西オーストラリア、SA：南オーストラリア。
資料：日本製紙連合会

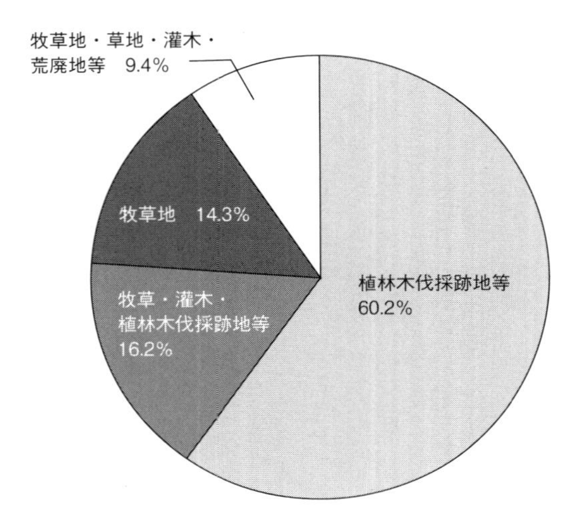

図 1-2　製紙企業の海外植林地の植林前の土地状況（2016 年）
資料：一般社団法人・海外産業植林センター、日本製紙連合会

業を実施する。

② 合弁型：日本の企業が現地企業と現地法人を設立して事業を実施する。

③ 日本側投資法人型：日本国内に製紙企業と商社等が投資法人を設立し、その投資法人が現地法人を設立して事業を実施する。

④ 現地側投資法人型：日本の企業が現地に投資法人を設立し、その投資法人が現地企業に投資し事業を実施する。

⑤ 共同事業体型：日本の企業の出資による複数の現地法人が、現地企業を含め共同事業体を設立して事業を実施する。

海外植林を実施するためには広大な土地を必要とするが、その用地の取得にあたって、外国資本に土地所有を認めている国（オーストラリア、ニュージーランド、ブラジル、チリ、南アフリカ等）では植林用地を購入して自社有林とするケースが多いが、基本的に土地は国有で外国資本に土地所有を認めていない国（中国、ベトナム等）では国の仲介による借地を行うケースが多い。また、オーストラリアやニュージーランドのような国にあっても、農民が土地を手放すことを好まない場合には、借地または分収を行うケースもある。

海外植林事業は、投資を回収するまでの期間が長く、苗木を植え付けてから伐採までの期間(ユーカリやアカシアなどの広葉樹で10年前後、ラジアータパインなどの針葉樹で20年前後)には以下のような多くのリスクがある[8)]。

① カントリーリスク：政変、法律の改定、腐敗、風土病等、特に発展途上国において無視することができないリスクがある。

② 経済的リスク：為替変動、原油価格の高騰、インフレーションなど、日ごろからの情報収集が必要である。

③ 自然災害リスク：山火事、台風、乾燥害、病虫害など、ある程度予測できるものの、対応が難しい。

製紙企業の海外植林において植栽されている樹種は、ユーカリやアカシアなどの早生広葉樹が最も多くなっており、その次にラジアータパインやカリビアンパインなどのパイン類(針葉樹)が多くなっている。特に成長が早くパルプ適性も高いユーカリが好まれている。ユーカリ属(*Eucalyptus* spp.)はフトモモ科(Myrtaceae)に属する常緑の高木で700種類ほど同定されているが、産業植林で植栽されるのは、パルプ適性が優れたグロビュラス(*E. globulus*)やグランディス(*E. grandis*)、ユーロフィラ(*E. urophylla*)、ペリータ(*E. pellita*)、カマルドレンシス(*E. camaldulensis*)、デグルプタ(*E. deglupta*)などである。ナイテンス(*E. nitens*)は温帯地域に分布し耐霜性が高いことで知られている。アカシア属(*Acacia* spp.)は熱帯地域に分布し1,500種類ほどからなる。ユーカリに比べるとパルプ適性は劣るものの、成長が早く、根粒菌があり土壌条件への抵抗性が高い。産業植林で植栽されるのは、マンギウム(*A. mangium*)、アウリカリフォルミス(*A. auriculformis*)などである。マンギウムとアウリカリフォルミスの自然雑種の精英樹クローンのアカシアハイブリッド(*A.* Hybrid)は成長に優れていることからベトナムや東南アジアで多く植栽されている。産業植林に植栽される針葉樹の主なものは、ラジアータパイン(*Pinus radiata*)とカリビアンパイン(*P. caribaea*)である[9)]。

ユーカリやアカシアなどの早生広葉樹の伐期は10年前後であるが、成長のいいブラジルや農民植林が主体のベトナムなどでは7～8年程度である。一方、ラジアータパインやカリビアンパインなどの早生針葉樹の伐期は20年前後で

表 1-3　製紙企業の海外植林の伐採面積、伐期と MAI（2016 年）

樹　種	伐採面積（ha）	伐期（年）	MAI（m^3/ha/年）（年平均成長量）
ユーカリ	30,338	8.3	28.2
ユーカリ（セニブラ社を除く）	26,682	9.7	21.0
アカシア	22,242	8.4	17.2
パイン類	2,581	30.3	24.4
その他（郷土樹種等）	1,101	32.0	12.5
合　計	42,718	9.1	26.9

資料：日本製紙連合会

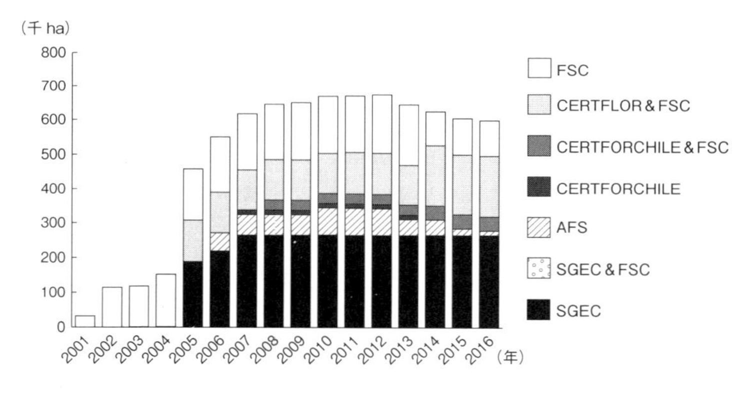

図 1-3　製紙企業の自社有林の森林認証（FM 認証）の取得状況

注 1）SGEC：Sustainable Green Eco System（緑の循環認証会議；PEFC™と相互承認）
2）FSC®：Forest Stewardship Council®（森林管理協議会）
3）AFS：Australian Forestry Standard（オーストラリア林業基準；PEFC と相互承認）
4）CERFLOR：Programa Nacional de Certificacan Florestal（ブラジルの森林認証プログラム；PEFC と相互承認）
5）CERTFORCHILE（チリの森林認証プログラム；PEFC と相互承認）
6）CERFLOR と CERTFORCHILE と SGEC の一部は FSC を重複取得

資料：日本製紙連合会

あるが、製紙企業の海外植林では 30 年を超すものも多い。ユーカリやアカシアの年間平均成長量（MAI）は 20 m^3 / ha 程度であるが、ブラジルでは 40 m^3/ha を超すものもある。パイン類も 20 m^3 / ha 程度である（表 1-3）。

製紙企業の海外植林事業の推進にあたって、持続可能性に配慮することは最も重要な課題である。このため、わが国の製紙企業は、所有または管理する海外植林地について森林認証制度のFM（Forest Management）認証を積極的に取得するとともに、木材チップの生産及び流通についてもCoC（Chain of Custody）認証を取得している。国内の自社有林については、基本的に2016年に国際的森林認証制度であるPEFCと相互承認した日本独自の森林認証制度であるSGECを取得しているが、海外植林地については、国際的森林認証制度であるFSCやPEFC（AFS, CERFLOR, CERTFORCHILE等）を取得している。2016年現在で森林認証を取得している製紙企業の海外植林地の面積は32万9千haである（図1-3）。

3. 2010年代以降の製紙企業の海外植林の動向

製紙企業による海外植林は、フィージビリティ（FS）調査から始まって、植林用地取得（購入、借地）、苗畑造成、植林地造成、林道建設、伐採搬出業者育成、チップ工場、チップ専用船埠頭、船積み設備の建設等、多額の投資と長期の事業実施期間をかけて、製紙企業自らが行うケースが多かった[10)]。しかし、農業用地等他の土地利用との競合などから植林適地を新たに手当てすることが次第に難しくなってきたため、既に造成されている他企業の植林地を買収するケースも出てきた（2006年に日本製紙等がブラジル・アマパ州のアムセル社の植林地をインターナショナルペーパー社から買収。2010年に王子ホールディングスがインドネシア・中央カリマンタン州のコリンド社の植林地を買収（資本参加）、2015年に、北越紀州製紙がカナダ・アルバータ州のアルパック社のパルプ工場とその周辺の植林地を買収）。

また、オーストラリアやニュージーランドの植林地については、近年の地球温暖化の影響による乾燥化の進展等により当初に想定した成長量を確保できないケースが増えてきたため、植林プロジェクトを商社や現地の森林ファンドに売却するケースが出てきている（中越パルプ工業、北越紀州製紙、丸住製紙のニュージーランド・北島の植林地、日本製紙のオーストラリア・西オーストラリア州の植林地、大王製紙のオーストラリア・タスマニア州の植林地）。

さらに、2008～2009年のリーマンショック以降、紙・板紙の生産量が3,000万トン台から2,600万トン台に大きく落ち込んだことにより木材チップに対する需要自体も減退したことから、1990年代以降順調に拡大を続けてきた製紙企業による海外植林は、2011年の54万3,000 haをピークに毎年減少が続いており、2016年には44万7,000 haにまで縮小している。このため、日本製紙連合会の「環境行動計画」の植林目標(国内外の植林地を2020年度までに70万haへ、2030年度までに80万haへ拡大する)の達成は、ほぼ不可能な情勢となっている(図1-1)。

わが国の製紙企業の海外造林投資は、当初から自社の木材チップの安定供給を図るとともに、自らの木材チップ供給源を保持することにより海外サプライヤーに対する価格交渉力を高める目的で実施されたものである。このため、植林プロジェクト自体の収益を最大化する方向での経営は実施されてこなかった。今後、IT化の進展による紙需要の減少が続き、木材チップに対する需要も減少が続くことが予想される中にあって、わが国の製紙企業の海外植林に対する森林投資が拡大する見込みは極めて少なく、既存の植林地の売却も続くものと想定される。直近では、王子ホールディングスのラオスの植林地がオーストラリアのTIMOのニュー フォレスツ社に、三菱製紙のチリの植林地が米国のTIMOのハンコック社に買収されている。ただし、パルププロジェクトに付随する植林地(セニブラ社、アルパック社)や日本向け以外の木材チップの輸出が可能な大規模な植林地(アムセル社、コリンド社)については、今後とも継続的に維持されると考えられる。また、パルプ用以外に、最近需要が急増しているバイオマス用に経営目的を多角化することを検討している植林プロジェクト(アムセル社)もあり、自社の木材チップの安定供給だけでなく、第三国への輸出やバイオマスのような新たな需要先の開発を図るという新たな森林投資を模索する動きもある。

(上河　潔)

参考文献等

1) 日本製紙連合会webページhttp://www.jpa.gr.jp/env/plan/brief/index.html(2019年3月29日閲覧).
2) 森本泰次(1992)海外製紙原料の現状と課題(1). 熱帯林業 (25), 25-33頁.
3) 前掲2).

4) 久田陸昭(2001)海外産業植林事業の動向. 甘利敬正編著, もっと知ろう世界の森林を. 日本林業調査会, 93-108頁.
5) 前掲1).
6) 前掲3).
7) 前掲3).
8) 前掲3).
9) 岩崎 誠・坂 志朗・藤間 剛ほか編著(2012)早生樹 ― 産業植林とその利用 ―. 海青社, 59-89頁.
10) 大渕弘行(2015)世界の森林の現状と産業植林の課題. 紙パ技協誌69(8), 789-798頁.

第2章　世界における森林所有と森林投資

――2016年版RISIデータベースから見た世界の大規模森林経営の活動状況――

はじめに

1992年に開催された「環境と開発に関する国連会議(地球サミット)」において、森林環境を保全することが国連加盟国の主要な命題のひとつとされた。それ以来ほぼ4分の1世紀が経過し、次第に各国における天然林保護の政策が充実してきた。その結果今日では、一部の国ないし地域においては今なお天然林伐採は行われているものの、世界の木材生産の主な対象は天然林から人工林へ移行した。

木材生産の主要対象が天然林から人工林に移ったことにより、世界の育林経営に新た動きが見られるようになった。それはTIMO(Timber Investment Management Organization：林業投資経営組織)やT-REIT(Timberland-Real Estate Investimennt Trust：林地不動産投資信託、以下REIT)といった従来見られなかった森林経営組織が出現し、それが欧米・オセアニア・アフリカなどで展開するようになったことである。このTIMOやREITは元々北アメリカを出発点とした森林経営組織で、大規模な森林所有に基づく育林経営を専門とした組織である。これらに加え、従来からの林産関連の企業が所有する大規模経営、アメリカなどに見られる大規模な個人所有の森林経営なども、今日積極的な育林経営活動を展開しているのである。

本章では、アメリカで発行されているRISIのデータベースを利用して、この新たな森林経営組織およびそれに匹敵するような大規模森林経営が、世界においてどのように展開しているか、また、そのことがわが国林業にとってどのような意味を持つのか考えてみたい。

1. RISIデータベースの特徴

はじめに、本章で扱うRISIデータベースとはどういうものなのかについて整理しておく必要があるだろう。

RISI社(RISI, Inc.)というのは、アメリカに本部がある木材および木材産業の情報を対象としたコンサルタント会社で、木材価格、木材産業の動向やニュース、林産会社のコストや将来性などについて、世界的な情報を提供している。

ここで言うRISIデータベースとは、RISI社が2014年8月以降毎年発行している林地所有と林地投資に関するデータベースで、正式名称は「世界の林地所有および投資に関するデータベース(International Timberland Ownership and Investment Database)」である。このデータベースは、2013年以前、ニュージーランドのDANA社(DANA Ltd.)が編集・発行していたものであるが、2013年末、RISI社が発行権を取得し、2016年現在Robert Flynnが編集責任者になっている。

このデータベースの2016年版は、世界で活動している大規模に私有林を所有している事業体1,200社の林地所有状況、森林投資の状況、活動状況に関する情報を収録したもので、収録の対象となっている事業体とは、TIMO、REIT、REIT以外の上場企業、上場企業以外の森林所有会社(Private = 個人会社)、家族経営的森林経営会社、アメリカ先住民族に与えられている森林、その他である。国有林・公有林などの公的な森林所有・経営は対象とされていない。

TIMOというのは、一般には機関的な森林投資ファンド(典型的には年金基金、労働組合の資金)などが資金を出し、そのファンドに代わって森林を購入し、資金を出したファンドとの間で、信託に基づいてその森林を経営する会社である。従って厳密な意味で言えばTIMOは森林所有者ではなく、ファンドが所有者ということになる。現実には年金基金などが直接森林を購入し、TIMOに経営を委託するケースもあり、このデータベースではこうした年金基金が直接森林を購入し、その経営を受託している会社もTIMOに含めている。本書では、年金基金などの投資ファンドによる森林への投資を「機関的森林投資」と呼んでいる。これはTIMOによる森林投資と考えて良い[1)]。

REITは、投資家が不動産投資信託としての森林に投資し、信託会社が受託経営するものである。その意味で、次に述べる「上場企業」と大きな違いは無いが、アメリカにおいて不動産投資信託として経営されている組織については（REITは一般の上場企業と比べて収益に対する税の在り方が異なる）、RISIデータベースではREITとして単独のカテゴリーとして取り上げている[2)]。

「上場企業」とは、株式会社として株式市場に上場している森林所有会社で、誰もが株式を取得することによって森林経営に投資することができる企業である。株式市場を通じて誰でもが投資できるという意味において、次に述べるPrivate（個人会社）とは異なる。

Private（個人会社）は、上述のTIMO、REIT、上場企業、およびアメリカ、カナダ、ニュージーランドの先住民に割り当てられた森林を除くすべての私有林を指している。

このデータベースの収録対象となっている森林所有規模は、北アメリカについては原則として２万エーカー（8,000 ha）以上であるが、2016年版では5,000～２万エーカーの所有者も一部入っている。その他の地域については5,000エーカー（2,000 ha）以上が収録対象である。このデータには、森林所有面積（人工林経営面積）、その資産価値、事業体の形態、本部の所在地、活動の場所などが収録されており、収録対象となっている事業体について簡単なプロフィールが述べられている。

しかし、これらのデータベースをフルに利用しても、世界の大規模森林所有体の動向を体系的に明らかにするには情報として偏りがある。また、経営内容を示す情報は収録されていないため、経営分析には限界がある。本研究で使用するデータベースは主に2016年版であるが、必要に応じて2015年版のデータベースと比較して考察することにより、経営分析はできないまでも、世界の大規模森林所有事業体の概況およびその動向について、可能な限り接近してみることにする。

2. 世界のTIMO・REITの現状と動向

(1) 大規模なTIMOの現状

上述の通り、TIMOは、一般的には年金基金などの機関投資家の代わりに森林を購入し、経営を行う会社であると定義される。表2-1は世界的な活動をしているTIMO上位30社の森林資産価値、経営面積、本拠地、活動地域を示した表である。このTIMO上位30社が世界で所有している森林資産の合計は571億USドルで、所有森林面積の合計は3,553万エーカー(1,420万ha)である。

この表に掲げた30社のうち上位10社は、本来の意味でのTIMOと言える。

それは機関投資家のために土地を確保し、経営するというタイプのTIMOである。しかし下位になるにつれ、多少性格の変わったTIMOが出てくる。たとえば14位のGreen Wood Resources社はTIMOではあるが、その大部分は年金基金であるTIAA CREFが直接所有している森林を受託管理している会社なのである。また16位のWagner Forest Management社はほとんどTIMOのようなファンドであるが、厳格な意味で言えば、第三者である林地所有者のために森林経営コンサルタント活動をも行っている会社である。さらに18位のブラジルの会社Floresteca社は、年金基金などの機関投資家ばかりでなく、何人かのヨーロッパの機関投資家や小規模な個人投資家など、いろいろなタイプの投資家の森林を受託経営している会社である。

この表によると、TIMOのトップ5で、上位30社の資産合計の52%を占めている。これは2015年の54%からやや減少している。トップ10でみると、上位30社の資産合計の74%で、やはり昨年よりやや減少している。しかしながら近年の動向をトータルで見ると、より大きなTIMOがより資産を集中させる傾向にある。今後も主要なTIMOの合併があれば、この傾向はよりはっきりしてくるものと考えられる。

表2-2は、TIMOの資産価値トップ10(10位が2社あるので、トップ10は実際には11社)の活動地域を示した表である。TIMO上位11社の経営面積の合計は1,140万haである。この11社の中でGlobal Forest Partners社とオーストラリアが本拠地であるNew Forests社の2社だけが、アメリカ国内での投資活動

表2-1　TIMOの経営資産上位30社

（単位：億ドル、万エーカー）

ランク	TIMO	資産価値	面積	本　部	経営地
1	Hancock Timber Resource Group	115	580	USA	USA、カナダ、オーストラリア、ニュージーランド、チリ
2	Campbell Global	56	270	〃	USA、オーストラリア
3	Forest Investment Associates (FIA)	49	250	〃	USA、ブラジル
4	Resource Management Services (RMS)	45	270	〃	USA、中国、ニュージーランド、ブラジル、オーストラリア
5	Global Forest Partners (GFP)	31	130	〃	ブラジル、ウルグアイ、チリ、グアテマラ、コロンビア、オーストラリア、ニュージーランド、カンボジア
6	BTG Pactual	30	190	ブラジル	USA、ブラジル、ウルグアイ、南アフリカ、ハンガリー、エストニア、グアテマラ
7	GMO Renewable Resources	27	140	USA	USA、ウルグアイ、オーストラリア、チリ、ブラジル、ニュージーランド、コスタリカ、パナマ
8	The Forestland Group	26	340	〃	USA、パナマ、ベリーズ、コスタリカ、カナダ
9	New Forests (1)	22	90	オーストラリア	オーストラリア、ニュージーランド、マレーシア、インドネシア
10	Brookfield Timberlands Management (2)	22	370	カナダ	カナダ、ブラジル、USA
11	Molpus Timberlands	22	200	USA	USA
12	Societe Forestiere de la Caisse des Depots	20	27	フランス	フランス
13	Tinberland Investment Resources (TIR)	15	78	USA	USA
14	Green Wood Resources (3)	15	33	〃	USA、チリ、ブラジル、コロンビア、ポーランド
15	Timber West	11	56	〃	USA
16	Wagner Forest Management (4)	9.5	250	〃	USA、カナダ
17	FIM Services	9	17	イギリス	イギリス
18	Floresteca (4)	8	10	ブラジル	ブラジル
19	Conservation Forestry	7.5	66	USA	USA
20	Dasos Capital	4.4	10	フィンランド	大部分がEU
21	Lyme Timber	4	65	USA	USA
22	Pinnacle Timberland Management	3.7	38	〃	〃
23	Olympic Resource Management (5)	3.5	9	〃	〃
24	The Forest Company	3.4	5	イギリス	ブラジル、コロンビア
25	Aitchesse, Ltd	2.8	3	〃	イギリス
26	Quantum Global	2.5	8	スイス	アンゴラ
27	Green Resources	1.8	4	ノルウェー	タンザニア、モザンビーク、ウガンダ
28	Global Environment Fund (6)	1.6	29	USA	南アフリカ、スワジランド(現 エスティワニ)、タンザニア、ウガンダ、ガボン
29	Latifundium	1.5	2	ドイツ	フィンランド、その他
30	UB Nordic Forest Management	1.4	13	フィンランド	フィンランド
TIMO 上位30社計		571	3,553		

注1）資産価値は30億オーストラリア・ドル、2016年第2四半期の平均レートで換算。
2）130万haの連邦有林の長期利用権を含む。
3）2015年に終了したGTO社のファンドを含む。
4）資産価値は経営地の推計値。
5）この会社の資産価値は自社所有資産のみ、Pope Resource 社が所有しこの会社が管理している11万1,000エーカーは含まない。
6）この会社についてはガボンにある天然林資産は含まない。
資料：Robert Flynn 編「International Timberland Ownership and Investment Database, 2016」RISI.Inc、2016年

を行っていない。また11社のうち、Molpus Timberland社以外は、すべてアメリカ以外の地域でも投資活動を行っている。11社のうち8社はラテンアメリカにおいて活動を行っており、6社はオセアニアで活動している。アジアやアフリカではTIMOの活動はそれほど活発ではない。以上からわかるように、巨大なTIMOの多くは、一つの地域ばかりでなく、世界的な広がりで活動を展開していると言うことができる。

TIMOトップ11社でみると、8社までが本社をアメリカに置いている。アメリカに本社を置いていないのは、BTG Pactual社(ブラジル)、New Forest社(オーストラリア)、Brookfield社(カナダ)の3社だけである。また、前の表2-1に示したトップ30社でみると、17社は本社がアメリカにあり、9社はヨーロッパ(うち3社はイギリス)、2社はブラジル、1社はカナダとオーストラリアにそれぞれ本社がある。

このように、TIMO上位30社の43％はアメリカ以外にあり、それは2015年と同じであった。上位30社以下では、近い将来、ヨーロッパや南米のTIMOが上位30社のランクに入ってくるものと考えられる。

アメリカにおける機関投資家の森林経営はおよそ30年前から始まったが、その当時、こうした企業の本部はアメリカ国内に置かれていた。しかし近年そ

表2-2　TIMO上位10社の活動地域

	本拠地(国)	活動地域					
		アメリカ	ラテンアメリカ	オセアニア	アフリカ	アジア	ヨーロッパ
Hancock Timber Resource Group	USA	○	○	○			
Campbell Global	〃	○		○			
Foest Investment Associates	〃	○	○				
Resource Management Services	〃	○	○	○		○	
Global Forest Partners	〃		○	○		○	○
BTG Pactual	ブラジル	○	○		○		
GMO Renewable Resources	USA	○	○	○			
The Forestland Group	〃	○	○				
New Forests	オーストラリア			○		○	
Brookfield Timberlands Management	カナダ	○	○				
Molpus Timberlands	USA	○					

資料：表2-1と同じ

れも変わりつつある。今日、世界的規模で活動しているTIMO上位30社のうち43％は、アメリカ以外に本部を置いているのである。

(2) TIMO・REITの活動の地域性

図2-1は、TIMOやその他の機関的森林投資による森林経営を、世界の地域別に示した図である。TIMOと言っても、ここでは厳密な意味におけるTIMOばかりでなく、たとえばティンバー ウェスト社のように機関投資家が森林を直接所有しているものも含まれている。北アメリカについては、その他の機関的森林投資のうちのREIT(4社)を別に掲げている。

RISIデータベースは、TIMOおよびその他の機関的森林投資を併せ、森林に対する機関的森林投資全体の77％は、北アメリカの森林に対して投資されているものと推計している。ヨーロッパに対する投資割合は8.3％、オセアニアには7.9％、ラテンアメリカには5.3％、アフリカはわずかに1％、アジアは0.2％である。

このように今でも世界における機関的森林投資の中心は北アメリカであるが、過去10年間で、北アメリカ以外の地域での機関的森林投資は確実に増加してきた。同時に、機関的森杯投資は北アメリカを中心としつつも、TIMOの活動の広がりには地域的な特徴がみとめられる。

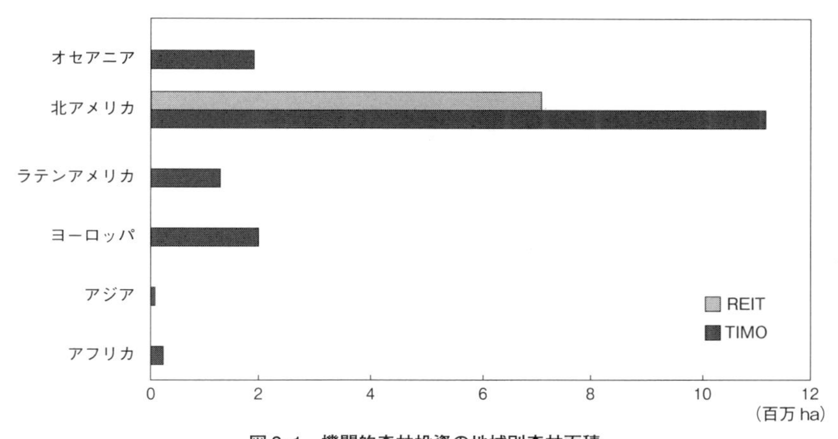

図2-1　機関的森林投資の地域別森林面積

資料：表2-1と同じ

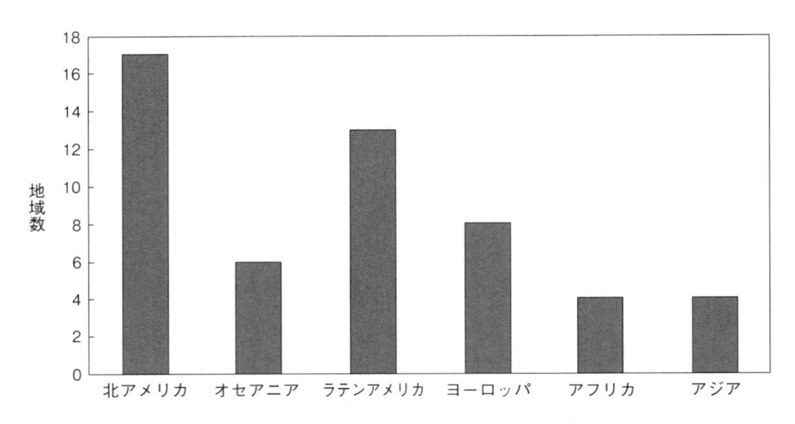

図2-2　TIMO上位30社の投資先地域別の数
資料：表2-1と同じ

図2-2は、TIMO上位30社がどこの国に投資しているかについて、地域別に見た図である。複数の地域に投資しているTIMOがあるので、地域数は重複カウントされている。これによると、TIMOの上位30社のうち17社は北アメリカで森林経営を行っており、13社はラテンアメリカで、8社はヨーロッパで森林経営を行っている。

しかしこの北アメリカ以外の国への森林投資は、少数の国に集中する傾向にある。北アメリカにおける機関的森林投資(TIMO)の面積は、アメリカ940万ha、カナダ180万haである。これに対して北アメリカ以外の国の林投資は、上位5か国(オーストラリア、スウェーデン、ニュージーランド、ブラジル、フィンランド)で、北アメリカ以外の森林投資面積の76％を占めている。この上位5か国以外の国のシェアは急速に低下する方向にある。

機関的森林投資がその国の林業にとってどのような意味を持つか、その重要性は国によってまちまちである。図2-3は、機関的森林投資がその国の人工林の何％所有しているかの割合を、いくつかの国について見たものである。ただしアメリカでは人工造林地と天然林とを区別することが非常に難しいので、アメリカについては機関的森林投資家の全所有林(人工林と天然林)を人工林としてカウントしている。

図2-3によると、ブラジルでは全人工林の8％を機関的森林投資が所有して

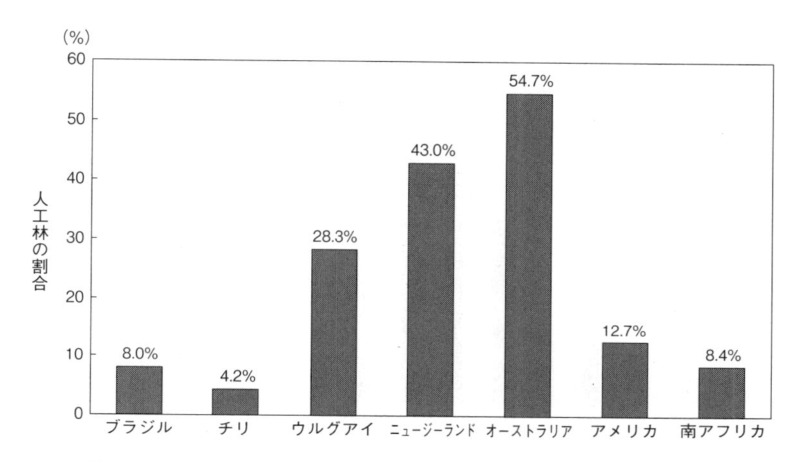

図2-3　各国の人工林面積に対する機関的森林投資が所有する人工林の割合
資料：表2-1と同じ

おり、チリはその半分程度、ウルグアイでは機関的森林投資は人工林の4分の1以上を所有している。しかし、ニュージーランドでは人工林の43%、オーストラリアでは人工林の半分以上がこうした機関的森林投資の所有になっており、オセアニアでは林業における機関的森林投資の意味はきわめて大きい。

(3) 北アメリカにおけるTIMOとREITの動向

RISIデータベースでは、北アメリカにおいてTIMOおよびREITが所有している林地のうち、1,810万ha、670億ドルを把握している。このうちおよそ61%がTIMO(これには年金基金が直接林地を所有する形態であるTimber West社も含んでいる)の所有、39%がREITによる所有である。REITはすべてアメリカであるが、TIMO所有林の16%はカナダである。

図2-4は2001年から2015年までのTIMOおよびREITの林地購入実績(金額ベース)を示したものである。

この15年間で、TIMOは合計323億ドル林地を購入し、REITは63億ドル購入した。この15年間の購入実績を見ると、TIMOもREITも年による変動がかなりあることが分かる。

一方同じ期間におけるTIMOとREITの林地売却を示したのが図2-5である。

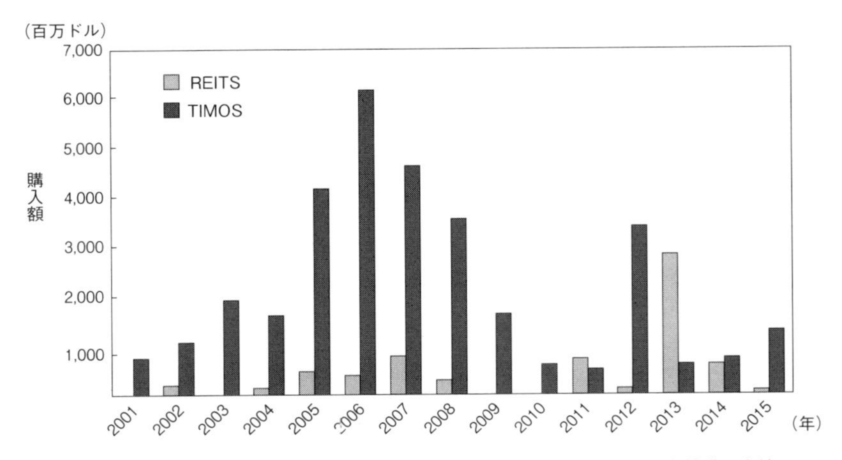

図2-4 2001年から2015年までの北アメリカにおけるTIMO・REITの森林購入実績
資料：表2-1と同じ

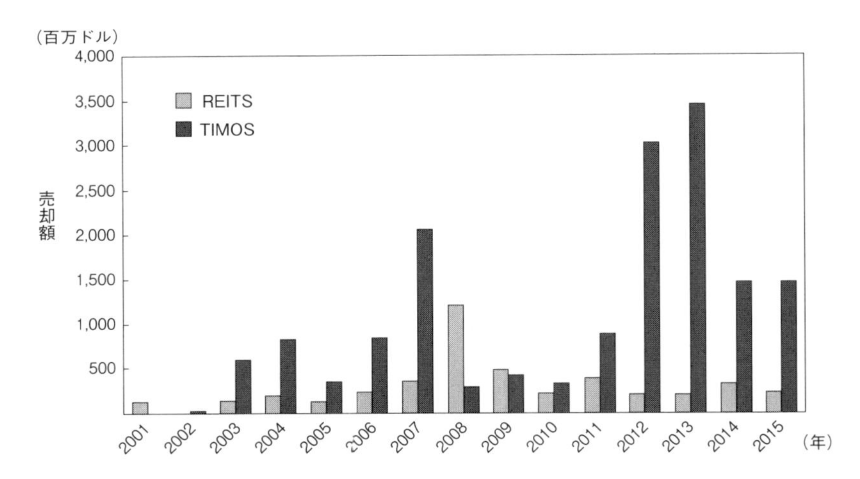

図2-5 2001年から2015年までの北アメリカにおけるTIMO・REITの森林売却実績
資料：表2-1と同じ

2010年までの10年間で、REITは合計で30億ドルの林地売却を行った。

同期間にTIMOが行った林地売却は57億ドルであった。その後2012年にTIMOは林地の売却を加速させ、2013年には年間売却額35億ドルを記録した。

2011年から2016年の前半までに、REITは合計21億ドルの林地売却を行い、

TIMOは113億ドルの林地売却を行った。2005年から2008年までの間TIMOによる林地購入は活発であったこと、そしてまた林地を購入するファンドのサイクルは典型的には10年であることなどから、TIMOの森林経営が長期的なものに転化しないのであれば、数年後にはTIMOは林地の販売に転ずることが予想される。

表2-3は、2005年から2016年前半までのTIMOおよびREITの林地購入面積と売却面積を示した表である。2005年から2010年までの間に、TIMOは購入量のほうが売却量より多かったため668万7,000 ha増加しており、REITは同期間にわずかに4万4,000 ha増加しただけであった。その後の2011年から2016年前半までの間では、TIMOは売却量のほうが多かったために53万2,000 haの減少、REITは引き続き4万1,000 ha増加している。

しかしこの間、2010年にWeyerhaeuser Co.社が上場企業からREITに変わったために、REITの面積は240万ha増加している。このことがこの期間における一番大きな変化であった。またWeyerhaeuser Co.社は2016年後半にPlum Creek社を合併したが、この時点でPlum Creek社はすでにREITであったため、この合併があってもREITの合計面積は変化していない。

もちろん、アメリカ合衆国が機関的森林投資をひきつけてきたのは、取引可能な林地の大きさに起因している。RISIデータベースは、1995年以降発生した1件当たり4万ha以上の林地取引について合計1,980万ha、これより小規模なランクの取引である2万ha～4万haの林地取引310万haを把握している。規模の大きな年金基金にとって、小規模な林地取引よりも大規模な林地取引のほうが効率的である。同様の理由で、こうした機関的森林投資はオーストラリアやニュージーランドの林地購入に積極的なのである。

表2-3　北アメリカにおけるTIMOおよびREITの林地購入面積と売却面積

（千ha）

	期　　間	購入量	売却量	増減量
TIMO	2005年～2010年	8,212	1,525	6,687
	2011年～2016年前半	2,419	2,951	△532
REIT	2005年～2010年	732	688	44
	2011年～2016年前半	668	627	41

資料：表2-1と同じ

3. 世界の大規模森林所有

(1) 世界における大規模森林所有者の現状

TIMOやREIT等の機関的森林投資、上場企業、上場企業以外の森林所有会社、家族経営的森林経営会を合わせ、森林所有規模が大きい私有林所有者は誰か。これは単純な問いではあるが、簡単に答えることはできない。

世界最大の私的森林所有はフィンランドの協同組合Metsaliittoである。この組合は1,310万エーカー(530万ha)の森林を12万2,000人の組合員で所有し、このほかにMetsaグループ自身で30万haの森林を所有している。これに対して2位であるアメリカのWeyerhaeuser Co.社は、2016年の中頃までは、北アメリカに518万haの森林、ウルグァイに7万4,000haの人工林を所有し、カナダ国有林に560万haの長期伐採権を所有していた。このように、1位と2位を見るだけでもどちらを最大と見るかは考え方によると言えるだろう。Metsaliittoの場合、一人一人の組合員の所有面積は平均43haであるし、Weyerhaeuser Co.社は530万haの社有林に加えて、カナダの伐採権を560万ha所有している。さらに、Resclute Forest Products社の場合、社有林はないものの、国有林に対して2,200万haの伐採権を持っている。

図2-6は世界の森林を所有している上場企業上位10社である。ここでは伐採権の保有はカウントせず、協同組合は一人当たりに換算して見ることにした。

世界最大の私有林所有はWeyerhaeuser Co.社で、この会社は2016年にPlum Creekを買収した後は、世界第2位であるSCA Skog社の2.5倍の所有面積になった。上場企業トップ10のうち2社は北アメリカの企業(Weyerhaeuser Co.社、Rayonier社)、3社はヨーロッパの企業(SCA社、Holmen社、Stora Enso社)、残りの5社はラテンアメリカの企業である。ちなみに、日本の王子ホールディングスはジョイントベンチャーで所有している面積を合わせると合計45万ha所有しており、これが世界11位になる。

上述の、世界の私有林所有トップ10のうち8社までは紙パルプ産業に関連している。例外はRayonier社とWeyerhaeuser Co.社で、Rayonier社は数年前、パルプのビジネスを切り離し、Weyerhaeuser Co.社は、2016年、パルプ工場

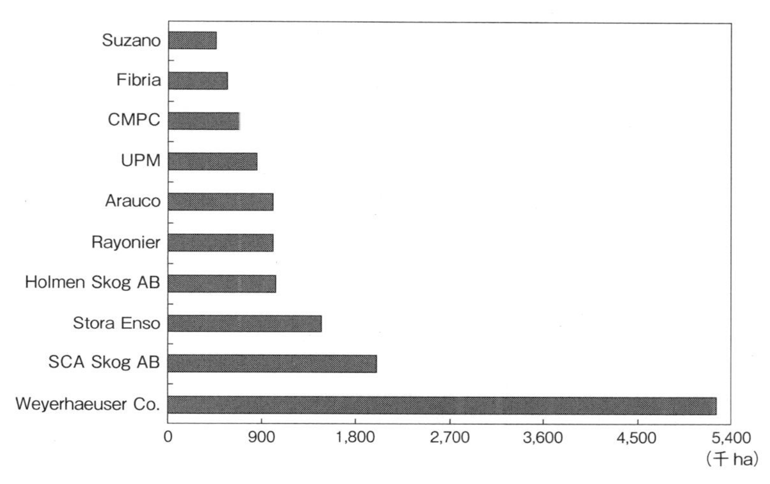

図2-6　世界の私有林所有トップ10
資料：表2-1と同じ

をInternational Paper社に売却した。その結果この2社は、かつては紙パルプ産業に関係していたが、現在は直接的には関係していない。

ここで、この紙パルプ産業に関連して、世界のパルプ生産企業について述べておこう。表2-4は、世界のパルプ生産をしている企業上位20社の、世界における紙パルプのマーケットシェアと所有している森林面積を示した表である。この企業とは、マーケット・パルプとパルプと紙を統合した工場の能力の両方を含んでいる。

International Paper社に世界最大の紙パルプ企業であるが、所有森林面積は少なく、ブラジルに8万1,000 haのユーカリの人工林を持つだけである。同社はおよそ10年前に北アメリカに所有していた膨大な森林を売却してしまった。現在は、この社有林とは別に、ロシアに600万haの長期伐採権を持っており、その一部はIlimグループとジョイントベンチャーである。

同様に、Mondi社、Resolute社、Domtar社の3社も、ロシアとカナダに数百万haにおよぶ伐採権をもっている。世界第2位のパルプ会社であるKoch Industries(Georgia-Pacific)社は全く社有林を持っておらず、世界第4位のWest Rock社は、ブラジルにわずか2万6,000 haのパイン人工林と、東テキサスに1

表2-4　パルプのマーケットシェア上位20社の世界におけるパルプのマーケットシェアと所有森林面積

会社名	マーケットシェア(%)	有地域別面積(千ha)		
		ラテンアメリカ	その他	合計
International Paper (IP)	6.9	81	–	81[1)]
Koch Ind./GP	4.3	0	–	0
Strora Enso	3.7	152	1,321	1,473
West Rock	3.1	26	10	36
Fibria	2.9	568	–	568
UPM	2.9	149	779	928
Oji Paper	2.5	129	314	443
Resolute Forest Products	2.5	–	–	–[2)]
Nippon Paper	2.4	62	117	179
APRIL	2.3	83	610	693
Arauco	2.2	1,005	–	1,005
Suzano	2.2	460	–	460
CMPC	2.2	682	–	682
Mondi	2.1	–	187	187[3)]
Metsaliitto	2.0	–	5,600	5,600
Souce:Canada's National Forest	1.9	–	1,554	1,554
Domtar	1.8	–	–	–[4)]
Sappi	1.8	–	238	238
PCA	1.8	0	–	0
Ilim	1.7	–	–	–[1)]

注1）IPおよびIlimはロシアにそれぞれ600万haの長期コンセッションを持っている。
　2）Resoluteはカナダ国有林に2,300万haの長期伐採権を持っている。
　3）Mondiはロシアに210万haの長期コンセッションを持っている。
　4）Domtarはカナダ国有林およびその他の所有者に対するに長期伐採権を持っている。
資料：表2-1と同じ

万haの試験的ユーカリ人工林を持つのみである。

以上のように、パルプ会社が原木確保を考える場合、自社有林を所有するか、あるいは第三者からの原木購入に依存するかは、その会社が世界のどの地域で操業しているかにかかっている。

(2) 世界の大森林所有者の地域的考察

RISIデータベースは、世界の会社有林の1億6,700万haを把握している。その地域別の内訳は図2-7の通りである。

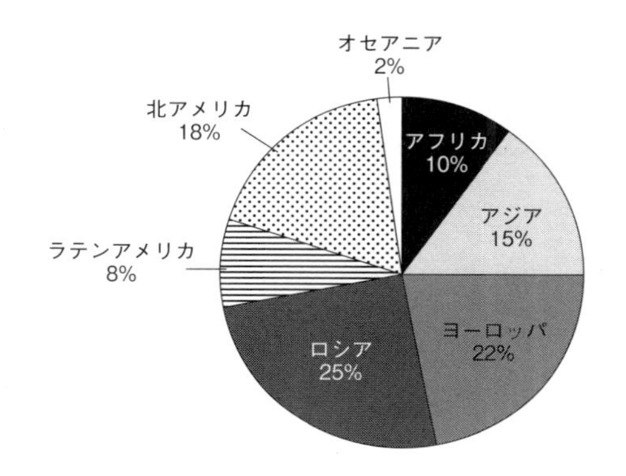

図2-7　RISIデータベースが把握する世界の森林所有の地域別内訳(%)
資料：表2-1と同じ

① 北アメリカ

表2-5は北アメリカに森林を所有している大規模私有林所有トップ10のリストである。

これによると、北アメリカに森林を所有している上位10社のうち6社がTIMO、2社がREIT、2社がPrivateである。この表2-4は、北アメリカに森林を所有しているものだけをカウントしたものであり、Hancock社やその他のTIMOが、北アメリカ以外の地域に所有している森林はカウントされていない。

RISIデータベースは、北アメリカで2,640万haの会社有林をカバーしており、この会社有林には、REIT、TIMO、Privateの所有林が含まれている。上位10社のうちに2つのREIT以外には上場企業は含まれていない。このほかに、260万haのアメリカ先住民の所有地が把握されている。

表2-5の上位10社の北アメリカにおける所有林は合計1,503万haで、これはRISIデータベースが把握している北アメリカの会社有林の約半分に相当する。しかし、RISIデータベースが把握している森林面積は完全ではない。というのは、アメリカの私有林の合計は1億4,500万haであり、このデータベースはアメリカにおける私有林全体のわずか18.4%を把握しているに過ぎないからである。アメリカの私有林の大部分は小規模所有なのである。アメリカには100エーカー以下の森林所有者が1,050万人おり、彼らはアメリカの私有林の

表2-5　北アメリカにおける大規模私有林所有上位10社

会社名	所有面積 千ha	会社の形態
Weyerhaeuser Co.*	5,181	REIT
Hancock Timber Resource Group *	1,709	TIMO
J.D.Irving Limited	1,284	Private
The Forestland Group *	1,280	TIMO
Campbell Global *	1,051	〃
Wagner Forest Management, Ltd	1,006	〃
Forest Investment Associates *	921	〃
Raynier Inc. *	928	REIT
Resource Management Service *	891	TIMO
Sierra Pacific Industries	779	Private

注）*印は北アメリカに所有する森林のみで、海外での所有林は含んでいない。
資料：表2-1と同じ

33％を占めている。とはいえ、このRISIデータベースは、1万5,000エーカー(6,000 ha)以上の所有者については、かなり高い把握率なのである。

ところで、アメリカにおける大規模森林所有のなかでも、TIMOやREIT等の機関的森林所有と並んで、無視することができない重要な所有形態として家族経営的森林所有会社(Family-Owned Timberland Companies)がある。次の表2-6は、北アメリカにおける家族経営的森林所有会社上位10社を示した表である。

こうした家族経営的森林所有会社は、100年以上にわたって森林ビジネスに従事している者が多い。家族経営的森林所有会社のうち最大の会社はJ.D. Irving社で、メイン州とカナダに約130万haの森林を所有している。第2位はEmersonファミリーが所有しているSierra Pacific Industries社。メイン州にはこのほかに2社、北西部太平洋岸に5社、南部に2社、これらが上位10社を形成している。

この10社の家族経営的森林所有会社のうち6社(J.D. Irving、Sierra Pacific Industries、Roseburg Resources、Roy O. Martin、Stimson Lumber、The Westervelt Company)は、木材加工と深く関わっており、単なる森林経営者ではない。

家族経営的森林所有会社は、おそらく機関的森林投資会社にとって、アメリカにおける次なる投資対象としての可能性を持っていると注目されているが、これらの家族経営的森林所有会社の多くは森林を売却する気はないようである。

表2-6　北アメリカにおける家族経営的森林所有会社上位10社

会社名	所有面積 千ha	所有する森林の地域
J.D. Irving Limited	1,284	メイン州, カナダ東部
Sierra Pacific Industries	779	北西部太平洋岸
Green Diamond Resource Co.	526	〃
BBC Land and LLC(J.Malone)	397	メイン州
Pingree Associates/Seven Island	310	〃
Roseburg Resources Co.	252	北西部太平洋岸
Roy O. Martin Co.(Martin Co.)	230	南部
Stimson Lumber Company	209	北西部太平洋岸
The Westervelt Company	204	南部
Mendocino Redwoods	177	北西部太平洋岸

注)「家族経営的森林所有会社」には、家族所有、個人所有、信託、財産、家族的パートナーシップ、その他の森林所有グループが含まれている。
資料：表2-1と同じ

しかし、長年にわたって森林を所有してきた家族経営的森林所有会社が森林を売却した事例がないわけではない。それは、100年以上森林所有を続けてきたMenasha Forest Products社で、この会社は、2007年、オレゴン州の森林5万5,600haをCampbell Groupに売却したのである。

② ヨーロッパ

表2-7はヨーロッパにおける大規模私有林所有トップ12を示した表である。これから分かるように、ヨーロッパにおける私有林所有上位12社のうち10社までがフィンランドおよびスウェーデンの会社である。

また、上位12社のうち7社までが協同組合である点もヨーロッパの特徴であろう。これは何万にも上る小規模森林所有者がメンバーとなっている。そして小規模な森林所有を大規模な投資対象にするのはきわめて難しい。このことが、ヨーロッパにおいて機関的森林投資が進まない要因にもなっているのである。

ヨーロッパの大規模森林所有の所有規模には大きな幅がある。1位の所有者はMetsaliitto Cooperativeで560万ha、10位の所有者はオーストリアの協同組合で87万4,000ha、1位は10位の6.4倍の森林を所有していることになる。

表2-7には上位12社を掲げているが、その中にフィンランドのTornator

表2-7　ヨーロッパにおける大規模私有林所有上位10社

会社名	本拠地	所有面積 千ha	会社形態	所有森林の所在国
Metsaliitto Cooperative*	フィンランド	5,600	Private	フィンランド、エストニア、ラトビア
Norges Skogeierforbund*	ノルウェー	3,500	〃	ノルウェー
Sodra*	スウェーデン	2,405	〃	スウェーデン、エストニア、ラトビア
SCA Sog AB	〃	2,000	〃	スウェーデン
Bergvik Sog AB	〃	1,984	TIMO	スウェーデン、ラトビア
Mellanskog*	〃	1,677	Private	スウェーデン
Norra Skogsagarna*	〃	1,102	〃	〃
Holmen Skog AB	〃	1,035	上場企業	〃
Norrskog*	〃	1,013	Private	〃
Waldverband Osterreich*	オーストリア	874	〃	オーストリア
UPM	フィンランド	704	上場企業	フィンランド
Tornator Oyj	〃	645	TIMO	フィンランド、ルーマニア、エストニア

注1）*印は協同組合。
2）Metsaliitto CooperativeにはMetsa Groupの所有地および組合員の直接所有地を含む。
3）所有地の面積は生産林のみカウント。保存林やその他の目的の森林は除いている。
4）TIMOは機関投資家が投資をしてTIMOが購入・信託経営をしている森林、および機関投資家が直接所有している森林を含んでいる。
資料：表2-1と同じ

Oyj社とUPM社が入っている。この2社は、協同組合を除く私的企業としては、ヨーロッパ最大の森林所有会社である。ヨーロッパにおける私的森林所有上位12社のうちTIMOはフィンランドのTornator Oyj社とスウェーデンのBergvik Sog AB社の2社である。これらの2社は年金基金が直接所有する森林を受託経営している会社であるが、ここでは年金基金の資金が投資されているという意味でTIMOとしてカウントしている。

③ ラテンアメリカ

表2-8は、ラテンアメリカにおける大規模私有林所有トップ10を示した表である。これでわかるように、ラテンアメリカでは、他の地域と違って、所有形態では上場企業が多いのが特徴で、そのほかTIMOが1社(Global Forest Partners社)、残りの1社はPrivate(Eldorado Cellulose社)である。

Arauco社は所有面積が飛び抜けて多い1位で、100万ha以上の人工林を所有しており、CMPC社とFibria社がそれに続いている。この表で取り上げているのは人工林だけであるので、天然林を含めると実質的な所有面積はもっと多

表2-8　ラテンアメリカにおける大規模私有林所有上位10社

会社名	所有面積 千ha	会社形態	所有森林の所在国
Arauco	1,005	上場企業	アルゼンチン、ブラジル、チリ、ウルグアイ
CMPC	682	〃	アルゼンチン、ブラジル、チリ
Fibria	568	〃	ブラジル
Suzano	460	〃	〃
Global Forest Partners	249	TIMO	ブラジル、チリ、ウルグアイ、コロンビア、グアテマラ
Klabin	227	上場企業	ブラジル
Eldorado Celulose	224	Private	〃
Duratex	194	上場企業	ブラジル、コロンビア
Masisa	190	〃	アルゼンチン、ブラジル、チリ、ベネゼーラ
Stora Enso	152	〃	ブラジル、ウルグアイ

注）天然林は含まず、人工林のみ。
資料：表2-1と同じ

くなる。

ラテンアメリカでは人工林所有面積上位10社のうち7社（Arauco、CMPC、Fibria、Suzano、Klabin、Eldorado Celulose、Stora Enso）までが紙パルプ産業、2社（Masisa、Duratex）は木材パネルのメーカーである。ラテンアメリカではいくつかの鉄鋼会社がブラジルでユーカリ人工林を所有しているが、いずれも上位10社以内にはランクされない。

Global Forest Partners社はBrookfield Timberland Management社とともに、ラテンアメリカでは早くから活動しているTIMOであり、南米5か国にわたって投資活動を行っている。

前にも述べたように、このデータベースは世界の森林所有のすべてを把握するものではないが、重要な国の大部分を把握している。たとえば、このデータベースはブラジルにおける人工林のおよそ61％、チリの人工林の73％しか把握していないが、重要な所有者についてはすべてカバーしている。

図2-8に示すように、ラテンアメリカにおける年金基金やその他の機関投資家による機関的森林投資は、少数の国に対する地域的な集中が進み、投資の85％はブラジル、ウルグアイ、チリ、ベリーズ（旧英領ホンジュラス）4か国に集中、ブラジルだけで49％に達している。

ラテンアメリカへの森林投資は、他の地域に比べて立ち後れていた。それは

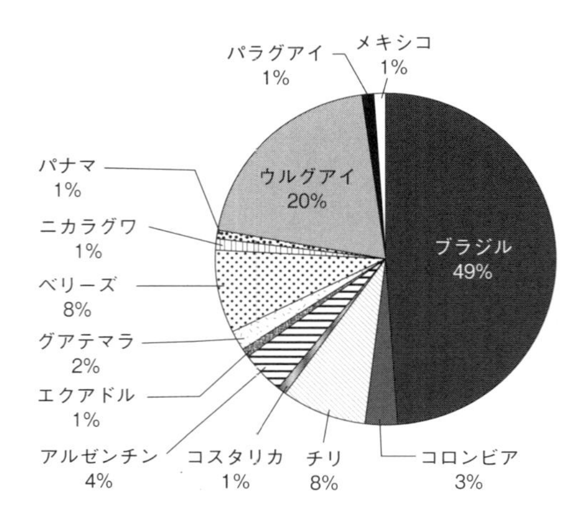

図 2-8　RISIデータベースが把握する世界の森林所有の地域別内訳

資料：表2-1と同じ

メジャーな紙パルプ会社が、所有森林をTIMO等の機関投資家に売却しようとしなかったからであった。しかし最近変化が見え始めた。ラテンアメリカでは、2013/2014年、Fibria社がカナダのTIMOであるBrookfield Timbelands Management社に対して、21万haのユーカリ人工林を売却した。

このことは、いくら林地を売却したFibria社が、売却後も相変わらずその造林地からの原木を実質的に利用することができたとは言え、ラテンアメリカのメジャーな紙パルプ会社が、自社に対する原木供給の主要部分を担っている林地を手放した最初の動きであった。その後Fibria社は3つのTIMOと、マットグロッソ ド スウ州に造林する契約をむすび、さらに2016年の中頃には、いくつかのTIMOとこれらの投資の第2ラウンドの契約交渉をしている。こうしたTIMOの林地取得の仕方はラテンアメリカ特有の手法であり、同時にそれは、TIMOが創意工夫をして林地取得に成功したことを物語っている。

森林を所有するメジャーな鉄鋼会社は、今のところ自分たちの造林地を売却してはいない。しかしブラジルにあるこうした鉄鋼会社の多くは資金的なストレスを抱えており、今後数年のうちに大規模な林地売買が生起することが予想される。

④ オセアニア

表2-9はオセアニアにおける大規模私有林所有上位10社を示した表である。オセアニアでは上位10社のうち8社までがTIMOで、残りの2社はPrivateと上場企業である。

オセアニアの大規模私有林所有者の上位3社、トップ10のうちの6社までがオーストラリアとニュージーランドの両方に森林を持っており、3社がニュージーランドのみに、また1社がオーストラリアのみに森林を所有している。

RISIデータベースは、ニュージーランドの人工林面積の73%以上、オーストラリアの人工林の83%近くをカバーしている。オセアニアではTIMOが集中して森林を所有しているという特徴と同時に、TIMOへの投資は外国資本が多いことが特徴である。上位10社のうち2社(New Forests社とKaingaroa Timberlands社)だけが地元の企業である。しかし、その地元の企業であるNew Forests社も資金の多くは海外であり、Kaingaroa Timberlands社も55%がカナダの年金基金が資金提供者である。したがって、この地域は、世界のどの地域と比べても、外国資金によって造成された人工林の割合が高い地域であると言えよう。

オセアニアの人工林についていえば、RISIデータベースが把握した人工林

表2-9　オセアニアにおける大規模私有林所有上位10社

会社名	所有面積 1,000ha	会社の形態	所有森林の所在国
Hancock Timber Resource Group	603	TIMO	オーストラリア、ニュージーランド
New Forests	348	〃	〃
Global Forest Partners	255	〃	〃
Kaingaroa Timberlands [1)]	180	〃	ニュージーランド
Matariki Forests [2)]	118	〃	〃
Ernslaw One	102	Private	〃
Resource Management Services	90	TIMO	オーストラリア、ニュージーランド
Campbell Global	81	〃	オーストラリア
Oji Holdings/Pan Pac	66	上場企業	オーストラリア、ニュージーランド
GMO	57	TIMO	〃

注1) Kaingaroa Timberlandsは55%がカナダのファンドであるPSP Investmentの所有、41%がニュージーランドのファンドであるNew Zealand Superannuation Fundの所有。
　2) Matariki Forestsは、65%がRayonier社、35%がPhaunos Timber Fundの所有。
資料：表2-1と同じ

外を含めて、オーストラリアの全人工林の54.7％、ニュージーランドの全人工林の47％がTIMOの支配下にある。

⑤ アフリカ

アフリカでは数100万haの天然林が、木材利用目的のためのコンセッションの対象になっているが、機関的森林投資の対象はほとんどが人工林である。表2-10で示した森林はいずれも人工林である。

表2-10　アフリカにおける大規模私有林所有上位10社

会社名	所有面積 1,000ha	会社の形態	所有森林の所在国
NCT Forestry Cooperative	320	Private	南アフリカ
Sappi South Africa	238	上場企業	〃
Mondi	187	〃	〃
TWK Agriculture	167	Private	南アフリカ、スワジランド
Global Environment Fund	110	TIMO	南アフリカ、スワジランド、タンザニア
Hans Merensky Timber	69	Private	南アフリカ
York Timber Holdings	60	〃	〃
NHR Investment(Montigny)	52	〃	スワジランド(現 エスティワニ)
BTG Pactual	43	TIMO	南アフリカ
Green Resources	42	〃	モザンビーク、タンザニア、ウガンダ

資料：表2-1と同じ

表2-11　アジアにおける大規模私有林所有上位10社

会社名	所有面積 1,000ha	会社の形態	所有森林の所在国
Samling	1,303	Private	マレーシア
Sinar Mas(APP)	1,130	〃	インドネシア、中国
PT Wapoga Mutiara Timber	842	〃	インドネシア
WTK	756	〃	マレーシア、パプア・ニューギニア
Jaya Tiasa	710	上場企業	マレーシア
Sinar Wijaya Group	692	Private	インドネシア
RGE Group(APRIL)	569	〃	インドネシア、中国
Alas Kusuma Group	429	上場企業	インドネシア
Ta Ann	395	Private	マレーシア
Shin Yang	384	〃	〃

注)Sinar MasおよびRGEはほとんど天然林のコンセッションであるため除く。
資料：表2-1と同じ

アフリカやアジアなどの森林投資が始まったばかりの地域では、森林への投資は依然として低調である。しかし、アフリカではここ数年活動が活発になってきている。

⑥ アジア

アジアは森林投資が展開していない地域で、表2-11で示すように、大規模私有林所有上位10社のうち、8社までがPrivateで、上場企業が2社、TIMOはない。

4. 森林投資家の造林樹種

次の表2-12は地域別の主要造林樹種を示した表である。北アメリカでは膨大な広葉樹林がありその一部は高価値ではあるが、それらの広葉樹は、機関的森林投資にとってみると、サザンイエローパインやダグラスファーに比べると積極的な造林樹種とはなっていない。TIMOのうちの1社(Forestlandグループ)だけが広葉樹に関心を寄せている。もちろん多くのTIMOは天然生の広葉樹の混交林を持っている。しかし人工的に造林された広葉樹としては、ハイブリッドのポプラが小面積に造林されているばかりであり、それ以外にTIMOによって造林された広葉樹林はない。北アメリカでは、機関的森林投資もあるいはその他の私的森林経営も、ほとんど広葉樹は造林しない。造林樹種は建築用の針葉樹なのである。

ヨーロッパでも北アメリカと同様に、森林は針葉樹と広葉樹の混交林が一般的である。ヨーロッパ、特に北ヨーロッパでは、製材用材生産のための針葉樹の造林が普通なのである。イベリア半島では外来樹種であるユーカリの造林があるが、それはラテンアメリカ、アフリカ、アジアに比べると成長が悪い。

ラテンアメリカでは造林樹種はユーカリに集中している。しかし、ブラジル、チリ、アルゼンチン、ウルグァイでは、パインも重要な造林樹種になっている。

中米ではやや小規模な森林所有者の間でチーク造林が展開している。さらにアカシア、ゴム、バルサなどのマイナーな樹種も造林されていたが、ユーカリ造林に押されて小さくなってしまった。

表2-12　地域別の主要造林樹種

地　　域	主要な造林樹種
北アメリカ	ロブロリーパイン、ダグラスファー、その他針葉樹、広葉樹
ラテンアメリカ	各種ユーカリ、ロブロリーパイン、ラジアータパイン、チーク
ヨーロッパ	針葉樹種混交、ポプラ
オセアニア	ラジアータパイン、他
アジア	アカシア、チーク、ユーカリ、ゴム
アフリカ	ユーカリ、パイン、チーク、ゴム

資料：表2-1と同じ

オセアニアでは極端に造林樹種が少ない。オーストラリア北部のカリビアパイン、スラッシュパインなどの小規模な造林、ニュージーランドにおけるダグラスファーの小規模造林なども見られるが、オセアニアの造林樹種はほとんどがラジアータパインである。その他ユーカリもメジャーの造林樹種である。オーストラリア北部では、インディアンサンダルウッド、アフリカマホガニーなどの高価値広葉樹の造林も少し見られる。

アジアでは機関的投資家による造林は非常に少ないが、造林についてはアカシアマンギューム、チーク、ゴム、アーガーウッドなど、多種類の広葉樹が植えられている。

アフリカでは、ほとんどの森林投資は南アフリカやスワジランド（現 エスティワニ）などのアフリカ南部で行われており、造林樹種は、ほとんどがパインとユーカリである。

モザンビークやタンザニアではチークも造林されており、いくつかの国ではゴムも造林されている。

近年の重要な傾向として、過去15年ほどの間に、造林対象の国では、針広混交林の造林から、ほとんどすべて広葉樹の早生樹種の造林に変わってきていることが挙げられる。南米、オセアニア、南アフリカでは、2000年から2015年の間に、パインの造林が大幅に減少し、早生樹種であるユーカリ造林が増加した東南アジアでも投資会社や私的企業による森林経営では、早生タイプの広葉樹が造林されている。

北欧では相変わらず針葉樹が中心であるが、アメリカ合衆国を除けば、パインのような針葉樹造林が増加している国は、世界の中でも見つけることが難しい。それは針葉樹の育成期間が相対的に長いためである。

5. まとめ――世界の大規模森林経営の動向――

以上、世界の大規模森林経営の動向について見てきた。こうした大規模森林経営の動向が、日本林業にとってどのような意味を持つのかを考えてみたい。

今日、わが国の私有林経営は、森林所有者による林業経営は、依然として小規模・分散的な所有構造の下で極めて非効率な経営が続けられている。森林は相変わらず所有者の資産として意識され、収益獲得を意図した近代的なビジネスからは遠くかけ離れた状態にある。そうした性格に加え、長期にわたる木材価格の低迷により、森林所有者の経営意欲は益々減退し、その結果近年では、造林地の放置、森林施業の放棄、主伐の回避、跡地造林の放棄、所有地の境界が分からなくなってきていること、立木販売時に土地まで含めて売却する動きが目立ってきていることなど、もはやわが国の森林所有者は林業経営から撤退する動きが鮮明となってきた[3)]。

しかしこうしたわが国の動きとはまさに反対に、世界の森林経営を見ると、特に規模の大きな森林経営は、利潤追求を目指して合理的な経営を展開するようになってきている。本章で述べてきたTIMOやREITは、投資に対するリターンが最大になるような経営を行う訳で、森林という立木を伴った土地が、木材生産以外でも利益をもたらすのであれば、そのリターンの源泉は必ずしも林業経営ないし木材生産である必要はない。アメリカの不動産被信託協会(National Council of Real Estate Investment Fiduciaries)の報告によると、アメリカにおける林地投資に対する収益率は、1987年から2011年代1四半期までの4半世紀で、平均すると名目で年間13.5％、実質では10.3％であった。この名目の数値のうち、立木販売等による収益率は平均5.7％、林地の資産価値増による収益率は平均7.9％であった[4)]。言い換えれば、アメリカにおけるTIMOやREITによる育林経営の収益率はおよそ8％で、森林経営は現代の先端的投資ファンドが投資対象とするにあたって、十分なリターンが期待できる分野なのである。

このように、わが国では森林経営は採算性が悪く、投資ファンドや投資家達の投資対象にはなり得ていないばかりでなく、すでに森林経営を行っている所有者ですら林業から撤退しようとしている。しかし世界では、森林経営が利益追求を第一義とする現代的投資ファンドや投資家達の投資対象となっているのである。それは言うまでもなく森林経営が儲かる産業だからである。森林投資ファンドの利益の源泉は、林地を安く買って高く売却するという売買差益に負うところも少なくないが、育林経営によってもたらされる経営利潤が本質である[5)]。これがアメリカのみならず世界において投資ファンドが森林を投資対象にする最大の理由なのである。

わが国の森林経営は資本投資の対象になり得ていないのにも関わらず、なぜ諸外国では投資対象となり得ているのか。いくつかの理由が考えられる。

第一に、育林過程を含まず、天然林を対象として伐採過程だけで木材を生産するいわゆる採取的林業が、世界的に見て少なくなってきたことが挙げられよう。今日、世界各国で天然林を保全する政策が主流となるなかで、天然林を木材生産の対象とする国は少なくなってきている。今や世界の主要な林業国の中で、天然林を木材生産の主要な対象とした採取的林業の国は、もはやロシアとカナダくらいになってしまった。このことは、育林過程を含む生産形態が世界のスタンダードになってきていることを意味しているだろう。世界がそうした状況にたち至ったとなれば、世界の木材市場での競争は育成的林業同士の競争となり、先進的な投資ファンドが育林に投資することは、ごくあたりまえの投資活動となるわけである。

第二に、世界において利益追求を目的としてこうした積極的な投資が行われているのは、数千haから数十万ha、場合によっては百万haといった巨大な森林経営であり、そうした大規模経営では大々的に規模のメリットが期待できる。これに対してわが国の私有林は、こうした巨大な森林経営に比べると零細規模と言うべきであり、育林が主流になった世界林業の中においても、なお規模の面でかなりの後れをとっているのである。

これらが、世界において森林経営が先進的な投資ファンドの投資対象となり得ていること、そしてまたわが国の林業が投資対象となり得ない理由となっているのである。

（餅田治之）

参考文献等

1）TIMOおよびREITがどのような組織なのか，どのように事業を実施しているか，さらにこれまでどのような歴史的展開を遂げてきたのか，などについては，さしあたり次の論文・著書を参照していただきたい．

①福田淳（2008）米国における林地投資の動きについて ── 林地投資管理会社（TIMO）を中心として ──（上）（下）．山林 1476・1477．

②大塚生美・立花 敏・餅田治之（2008）アメリカ合衆国における林地投資の新たな動向と育林経営．林業経済研究 54（2）．

③村嶌由直（2013）機関投資家による森林投資 ── FAOのワーキング・ペーパーから ──．山林 1548．および村嶌由直（2013）アメリカにおける森林投資 ── 木材生産から資産運用追求へ ──．林業経済 66（5）．

④餅田治之（2015）育林投資の新段階 ── TIMOおよびREITの現状とその歴史的意義について ──．餅田治之・遠藤日雄編著『林業構造問題研究』，日本林業調査会．

2）前掲1）．

3）餅田治之（2016）わが国育林経営の新たな担い手について．山林 1587．

4）餅田治之（2015）育林投資の新段階 ── TIMOおよびREITの現状とその歴史的意義について ──．餅田治之・遠藤日雄編著『林業構造問題研究』，日本林業調査会．

5）前掲1）．

第Ⅱ部
諸外国の林業経営

バイオマス植林用との組合せ経営による合板・家具用品種改良ポプラの高木仕立
（ハンガリー）

第3章　ベトナムにおける農家林業の創出と木材生産の担い手としての可能性

はじめに

ベトナムの森林面積は2000年代以降増加に転じた。その背景には林地割当政策(Forest Land Allocation：FLA)ならびに政府による植林支援があり、植林の拡大が森林全体の増加をもたらした。農業・農村開発省は、2009年に植林における木材関連産業と連携した合弁企業設立のためのガイドラインを定めるなど、森林経営における民間資金の導入や経営体の多様化を図ってきたが、2016年現在、植林の最大の担い手は小面積の割当を受けてきた地域住民である。

FLAが導入された1990年代の山地ではまだ焼き畑が行われており、導入初期の研究は、少数民族の生業や社会に影響を及ぼしたとしてFLAを批判するものが多かった。しかし集落周辺の森林はすでに荒廃を来しており、その荒廃地を世帯に分割し、植林の初期投資を政府が支援することによって、統計にみる植林面積の著しい増加をもたらした。また開放経済への転換とともに木材加工産業における設備投資がすすみ、山地が海岸線に近いベトナムの地形もまた、植林と市場をむすびつけるのに有利に働いたと考えられる。その結果、アカシアをはじめとする短伐期樹種の植林が急増するとともにと、その生産材の加工産業が発達し、ベトナムを世界最大のチップ輸出国に成長させた。ベトナム政府は植林をさらに拡大するという目標とともに、病虫害対策を課題のひとつに挙げ、遺伝子組換技術を含む植林樹種の品種改良を奨励している。

1. ベトナムの林地割当政策と森林被覆の変化

(1) 国営企業による森林経営から林地割当へ

国連農業食糧機構(Food and Agriculture Organizations of the United Nations : FAO)の世界森林資源アセスメントによると、中国やベトナムにおける著しい森林被覆の増加はインドネシアやミャンマーなどにおける減少を相殺し、アジア全体の森林面積は2000年以降純増に転じている(FAO 2015)。中国における森林面積の増加が、森林保護・育成策の強化と植林の奨励によってもたらされたのと同様、ベトナムにおいても、1990年代以降導入された土地経営の脱集団化ならびに植林活動に対する助成を契機として、森林被覆が回復したといえよう。

国営企業による森林経営から、多様な経営体の創出へという森林レジームの転換は、土地法、森林保護開発法、ならびに一連の政府議定によりなされた。その根幹をなす政策が、FLAである。

ベトナム社会における脱集団化は1980年代に始まったが[1,2]、1993年の土地法は、すべての土地は国有であるという原則は維持しつつ、最長50年の占有とその延長を認めることによって、事実上の土地所有権を創出した。翌1994年のFLAに関する第2号政府議定は、林地にも50年の占有を認め、地域住民が林地経営を行うことを奨励した。さらに1995年の農林養殖漁業を目的とする土地利用契約に関する第1号政府議定は、それまで林産物生産を行ってきた国営企業および保護を担ってきた森林管理委員会(Forest Management Board)に対し、FLAの実施を促すとともに、管理経営の住民委託もできることとした。しかし一方で政府は水産物の輸出を奨励したため、国営企業や地方政府が養殖池の造成を無秩序に認め、その結果、1990年代から2000年代にかけて、著しいマングローブ林の減少ををもたらすことにもなった[3,4]。

並行して1991年森林保護開発法は、森林を特別用途林、保護林、および生産林に区分した。破壊や劣化を免れた天然林は特別用途林や保護林に区分され、天然林資源の利用に対する規制は、1992年の原木輸出禁止に始まり、段階的に強化されていった。1997年には特別用途林における恒久的な伐採禁止と、森林被覆が著しく後退した流域における30年の伐採禁止措置が講じられた[5]。

FLAの施行に際しては当初、林業省（Ministry of Forestry）が独自に土地利用証書（通称Green Book）を発行していた。しかし1995年に林業省は、農業省および灌漑省とともに農業・農村開発省（Ministry of Agriculture and Rural Development）に統合され、林地の利用証書は、他の地目と同じ書式（通称Red Book）に統一された。また2002年の天然資源・環境省（Ministry of Natural Resources and Environment）の設立とともに、保護区を含む森林の管理経営は農業・農村開発省が担い、用途区分や土地利用証書の発行は天然資源・環境省が担うこととなった。換言すると、天然資源・環境省は土地を、農業・農村開発省は定着物たる森林を管轄することになったといえよう。

2003年の改正土地法は土地占有者の権限を強化し、譲渡、抵当、相続などの諸権利を認めるとともに、政府により土地が収用された場合は、市価に準じた補償がなされると定めた。割り当てられた林地に対する権利は、いっそう所有権に近いものとなったが、後述するように、実際に林地の割り当てを受けたのは個人ではなく、世帯であった。またFLAには山地の狭小な農地では不足する食糧や所得を焼き畑や林産物採集で補ってきた少数民族対策の側面もあり、FLAによって無秩序な焼き畑や違法伐採が定着農業や植林経営に向かい、ひ

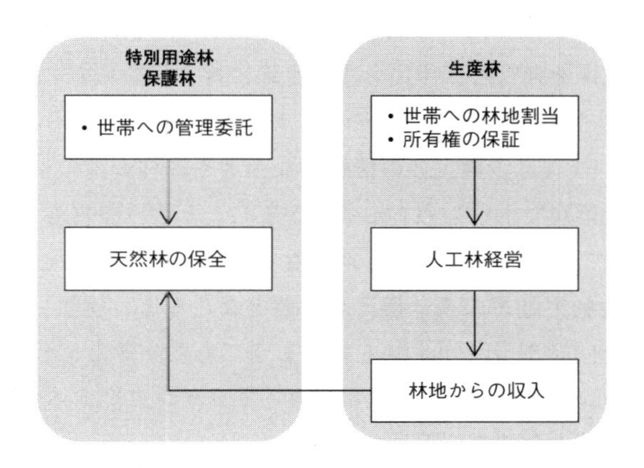

図3-1　FLA政策の概念図（Castella *et al.*, 2006[6]を改変）

いては農村集落をとりまく天然林の保全につながると期待された（図3-1）。

(2) FLAのプロセス

2004年改正森林保護開発法によると、特別用途林は生態系の保護ならびに教育研究利用を目的として設定され、区域ごとにおかれる森林管理委員会によって管理経営が行われる。森林管理委員会は、農業・農村開発省の下部組織をなす。保護林および生産林については、森林管理委員会、国営企業のほか、管理委員会、軍、コミューン人民委員会、その他の組織、コミュニティー、世帯および個人、ならびに民間企業と多様な経営体を認めている。

一方、ベトナムの地方行政は、国―省（province）―県（district）―コミューン（commune）と階層化され、省以下のそれぞれの階層には、行政機関としての役割を果たす人民委員会（People's Committee）がおかれている[7]。農業・農村開発省および天然資源・環境省は省および県に出先機関を有し、旧林業省の組織も同様に、農業・農村開発省下の森林保護局（Forest Protection Department）―省レベルの森林保護支局（Forest Protection Sub-Department）―県レベルの森林保護ユニット（Forest Protection Unit）と階層化されている。FLAのプロセスにおいてはこれらの機関に加え、行政の各レベルにおける人民委員会が、割当を受ける側と関係組織との調整を担っている。

ここで、FLAのプロセスは統一された指針のもと、全国的に同時に展開したわけではないことも留意する必要がある。1990年代には、FLAの実施の前に国営企業が伐採を強行し[8,9]、住民もまた土地に対する権利を主張するために無秩序な開墾を行うなど、FLAの負のインパクトを明らかにする研究が多くなされた[10,11]。また、FLAは少数民族の伝統的な土地や森林資源の利用を疎外した[12,13]、あるいは近隣集落間で土地をめぐる争いが生じたという報告もある[14-18]。援助団体の実施するプロジェクトに依存する地域もあり、またかつて林業省が独自に発行していた土地利用証書の書き換えも必要となるなど、実際には、FLA導入初期には様々な問題や混乱が生じていたようである。そこで政府は2007年に再度、第38号通知を通してFLA運用のガイドラインに関する整序を行い、それを契機として割当面積が拡大した。

FLAの基本計画を策定するのは天然資源・環境省である。県人民委員会はそれを受けて、それぞれのコミューンに対する配分を決定する。コミューン人民委員会は、集落組織を通じて個々の世帯の意向をとりまとめ、割当の原案を作成し、県人民委員会に提出する。県では、天然資源・環境省と農業・農村開発省の出張所、ならびに森林保護ユニットが下から上がってきた原案の審査を行い、調整を経たのちの原案を県人民委員会に戻す。県人民委員会が最終決定を行い、それにしたがって天然資源・環境省県事務所が土地利用証書を発行する。世帯に対するFLAの上限が30 haであるのに対し、他の経営体にはより大きい面積の森林が割り当てられるため、それらに対するFLAは省レベルの関係組織が担っている。

具体的な事例として、私たちがベトナム北東部において2016年に行った調査の一端を紹介したい。バッカン省チョドン県の少数民族居住区域より、FLA実施時期は同じであるが交通立地条件の異なる2村を選び、それぞれどのように林地が割り当てられ、どのような経緯で植林を開始したのかについてヒアリングしたところ、いずれにおいてもFLA導入当時は焼き畑の影響で森林は荒廃しており、新たな開墾地を見出すのに困難を来していた。FLAに先駆けて、かつて集団化された農地の解放がなされ、人々が自作農業に傾注していたところに林地の割り当てがなされたため、森林に対する既得権をめぐる争いは生じにくかった。両村の違いとしては、幹線道路に近く、より人口密度の高い村の平均割り当て面積に比して、近年まで未舗装であった村の方が多く割り当てを受けていた。果樹を含む植林を開始した契機は政府による苗木等の援助であり、道路沿いの村では植林プログラムが早く導入されたため、植林の二巡目に入っていたが、道路条件の悪い村ではまだ収穫に至っていなかった。割当面積における世帯間の開きはあったものの、植林した面積における差は小さかったことから、割り当てられた林地の利用においては、政府の援助の果たす役割が大きいことが示唆された[19)]。

(3) 森林被覆の変化

ベトナムの森林被覆は、FLAと軌をひとつにして増加した。1943年には1,430万ha(43.2%)の天然林があったとされるが[20)]、インドシナ戦争に続くベトナム戦争で激減した。1976年の南北統一後も、焼き畑や国営企業の過伐によ

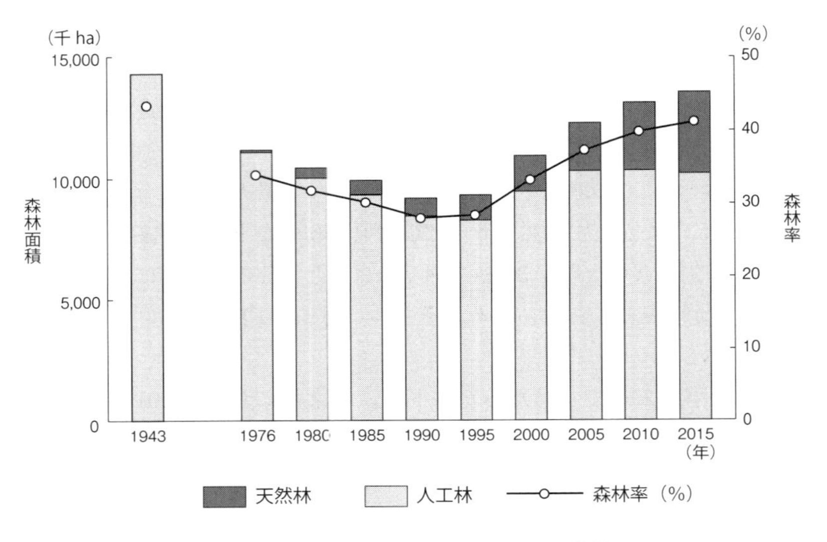

図 3-2　ベトナムにおける森林面積の推移[27-30]

る森林破壊が続き[21,22]、1980 年代には年平均 10 万 ha が失われたと推計されている[23]。しかし 1990 年に 918 万 ha(27.7%)まで落ち込んだ森林面積は、1990 年代以降増加に転じた。2000 年代初めにいたる 10 年間の変化は、経済成長やそれに伴う人口分布の変化よりむしろ、焼き畑の制限と並行して行われた FLA によってもたらされたと考えられている[24]。また被覆だけではなく、炭素蓄積も増加した[25]。その後も増加は続き、2015 年には戦前期の水準に近い 1,406 万 ha(42.6%)に達した[26]。

これらの増加に貢献したのは、荒廃地植林であった(図 3-2)。ただし、森林被覆の回復には地域差があり、北部では、後述する輸出仕向けチップ工場に対する原料供給のために早成樹種植林が展開し、年平均 1.4%の増加をみた[31]。天然林面積全体も増加に転ずる一方、原生林面積は 1990 年代以降減少し続けている[32]。また中部高原地方では、年平均 0.2%の天然林が失われた[33]。ベトナムに限らず、森林被覆の変化とは、こうした増加と減少の相殺の結果であることには留意する必要がある。

森林面積の現状について、用途区分別に面積をみると、全体の 47.4%を生

表3-1　2015年の用途区分別にみた天然林および人工林面積

単位：千ha(%)

森林型	用途区分				計
	特別用途林	保護林	生産林	その他	
天然林	2,027 (19.9)	3,840 (37.7)	3,940 (38.7)	368 (3.6)	10,176 (100.0)
人工林	79 (2.0)	623 (16.0)	2,728 (70.1)	457 (1.2)	3,886 (100.0)
計	2,106 (14.9)	4,463 (31.7)	6,668 (47.4)	825 (5.8)	14,062 (100.0)

資料：MARD(2016)[26]

産林が占め、次いで31.7%が保護林となっている。特別用途林以外の天然林は、保護林と生産林にほぼ二分されるのに対し、当然のことながら人工林の70.1%は生産林に区分されている(表3-1)。特別用途林や保護林にも人工林が含まれる理由は、それらの区分における荒廃地も植林プログラムの対象となったことによる。

2. 森林経営体に対する植林支援

(1) 今日の森林経営体

FLAの目的のひとつは、荒廃地植林に対する地域住民の動員であるとされる[34]。2014年現在の経営体別にみた森林面積をみると、政府組織がもっとも多く41.6%を占めている(図3-3)。ここには特別用途林や保護林に対して設置される経営委員会が含まれる。

一方、FLA以前には唯一の森林経営体であり、天然林の乱開発を行っていた国営企業は、2004年改正森林保護開発法以降は再編に向かい、企業数だけでなく1企業当たりの面積も大幅に縮小した。図3-3の企業(割当済み林地の14.7%)には、国営企業と民間企業が含まれていると考えられる。

政府組織の次に多くを割り当てられているのが世帯(34.9%)である。これらに対して、コミューン人民委員会や集落等のコミュニティーに割り当てられた森林は3.3%にすぎない。ただし、未区分林を含む計1,406万ha(表3-1)の林地に、森林以外の未区分地を加えた1,585万haのうち、FLAの終わった面積は1,259万ha(78.5%、図3-3)であり、残り33万haは、暫定的にコミューン人民

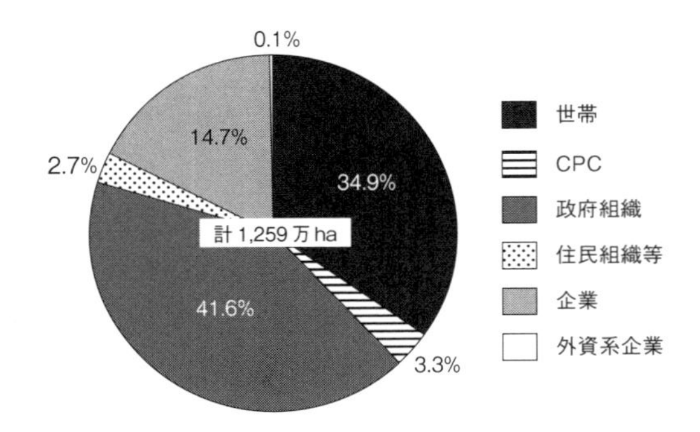

図 3-3　経営体別にみた森林面積[35)]

注）凡例の中のコミューン人民委員会(Commune People's Committee：CPC)は、うち 36.3％を占めるコミュニティー林を含む。

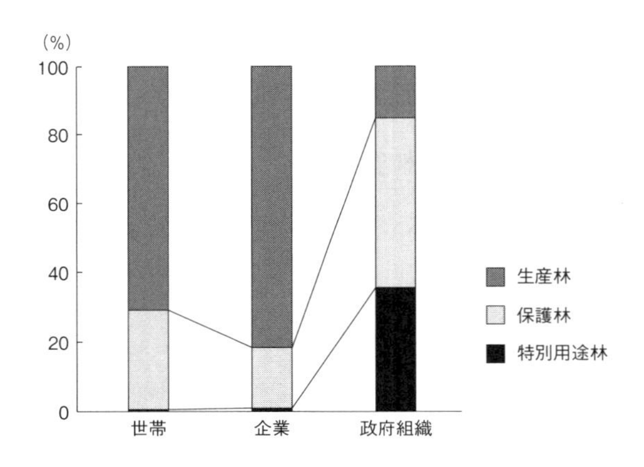

図 3-4　主要 3 経営体に占める生産林、保護林、および特別用途林の割合[35)]

注）世帯、企業、および政府組織の経営面積は、それぞれ 438 万 8,156、218 万 7,189、および 523 万 9,523 ha。

委員会ならびに地域社会が管理している[35)]。

次に、経営体と森林の用途区分の関係を、政府、企業、および世帯の主要 3 経営体についてみると、世帯および企業に割り当てられた面積のうち、生産林がそれぞれ 70.8％および 81.6％を占めているのに対し、政府組織については 35.6％が特別用途林、49.1％が保護林となっている(図 3-4)。生態系保護は政府が、生産は住民と企業が担うという両者の棲み分けがうかがえる。

(2) 植林支援プログラム

FLAが実施された山岳地に居住しているのは主に少数民族である。ベトナムの民族構成は、人口の85.4％を占めるキンと、政府により53に分類される少数民族に分かれる[36)]、貧困世帯の割合は、キンの9.9％に対し、少数民族は59.2％と格段に高い[37)]。すでに長年の焼き畑によって荒廃した林地を世帯に割り当てても、直ちに植林にはつながらない。そこで大きい役割をはたしたのは政府系銀行からの融資であり、またそれに先駆けて実施された一連の植林プログラムである。

「荒廃山地植林プログラム（政府決定の番号にしたがいプログラム327ともよばれる）」は、荒廃地の修復と残存する天然林の保護を目的に、1992年から1998年にかけて実施された。その結果、60万haの荒廃地植林と70万haの補植が行われ[38)]、また約47万世帯との間に160万haの森林保護契約が交わされた[39)]。プログラム327は、1995年以降は天然林を焼き畑から守ることに重点を移し、山地少数民族の定住化や農業の定着化を図ることによって、670万haの天然林が保全されたと推計されている[40)]。また2004年の第106号政府議定は、植林に対する政府系銀行の融資を認め、2009年第131号政府決定は林産物生産に対する低利の融資条件を定めている。

「500万ヘクタール植林プログラム（プログラム661）」はプログラム327の後継プログラムとして、特別用途林、保護林、および生産林のすべてを対象に、1998年から2010年にかけて実施された。その実績は、植林と天然更新面積が約373万ha、地域住民と交わした森林保護契約が約245万haとなり、合わせて約619万haと、スローガンの500万haを上回った（表3-2）。森林保護契約では、森林地域の世帯が森林管理委員会あるいは国営企業と天然林の保護に関する契約を結び、住民の保護活動に対しては支払がなされた。私たちが北東部ベトナムの村落で実施した調査では、旧林業省の発行したGreen Bookに含まれる区域のうち、生産林に区分された箇所は天然資源・環境省の発行するRed Bookに切り替えることができた。しかし保護林にはRed Bookは発行されず、代わりに森林保護契約が締結された。

表3-2 プログラム661による1998-2005年の活動

活　動	植林実績(ha)
植林	2,450,010
特別用途林・保護林	898,088
生産林	1,551,922
天然更新	1,283,350
森林保護契約	2,454,480

資料：MARD(2011)[41]

農業・農村開発省は、プログラム661の実績について、全国規模で森林保全や植林が行われたと評価している[41]。

プログラム661終了後も、農業・農村開発省は2007～2015年に、再造林も含め200万haの生産林に植林するプログラム147を実施した。そこでは新植地に対して、ha当たり134米ドルの植林補助金が支給されたが、実態は必ずしも計画通りではなかったことも報告されている。ベトナム東北部の国境に接する3県では、支援が届かないだけでなく、市場へのアクセスも制約されていたため、FLAは実施されても荒廃地の修復は滞った[42]。

3. 人工林からの木材供給ポテンシャルと今後の課題

(1) FAOSTATにみるベトナムの木材加工産業

ベトナム社会主義共和国となった1977年以降の生産量の推移をFAO統計(FAOSTAT)にみると、1983年のドイモイを経て、1990年代にまず製材産業が伸び、アジア通貨危機後は木質パネル生産も拡大した(図3-5)。2000年代半ば以降の両者の増加の背景のひとつとして、1999年の伐採許可制の撤廃が指摘されている。すなわち当時、FLAおよびプログラム327の支援で世帯による植林が拡大したが、煩雑な手続きを要する従来の伐採許可制は、その新たな原木供給体制に馴染まず供給が滞った。そこで政府は、人工林については届け出のみで伐採できることとした[43]。また木材加工産業の発展においては、国営企業に代わって参入した民間資本の役割が大きいとされている[44]。

紙パルプ関連では、2011年にベトナムは世界最大のチップ輸出国となった[45]

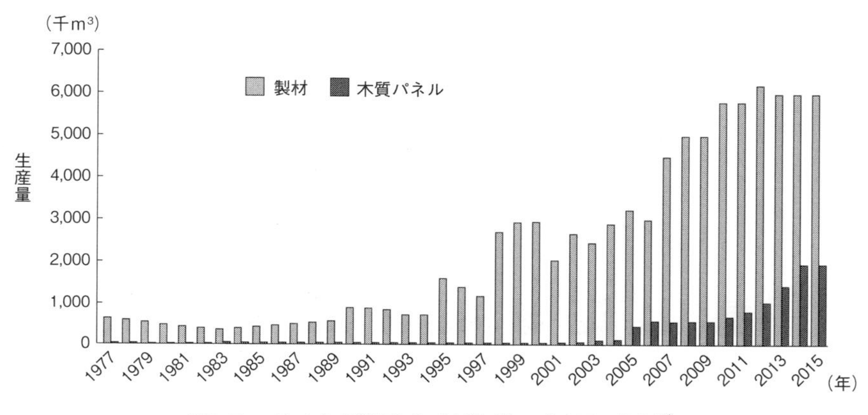

図3-5　ベトナムの製材および木質パネル生産量の推移[46)]

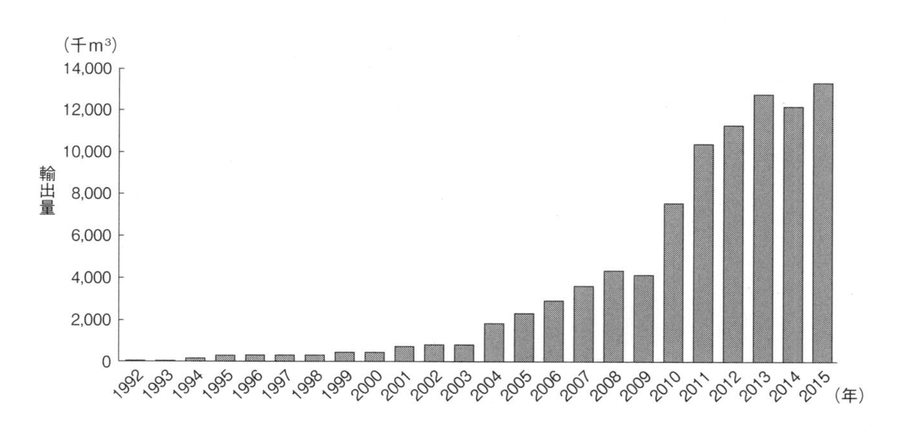

図3-6　ベトナムのチップ・パーティクル輸出量の推移[46)]

(図3-6)。輸出の増加が始まった過去10か年の動向をみると、2008年までは日本が首位を占めていたが、2010年に中国向けの輸出が急増し、以来首位が中国、次いで日本、韓国となっている(図3-7)。木質パルプ生産についても、前年の推計5.9万トンが1999年には22万トンへと急増し、2015年の生産量は59万トンと推計されている[46)]。

林産物輸出価額全体の2011年以降の動向をみても、中国および韓国が上位2か国を占め、3位はマレーシア、インドおよび日本と、同様にアジア諸国が

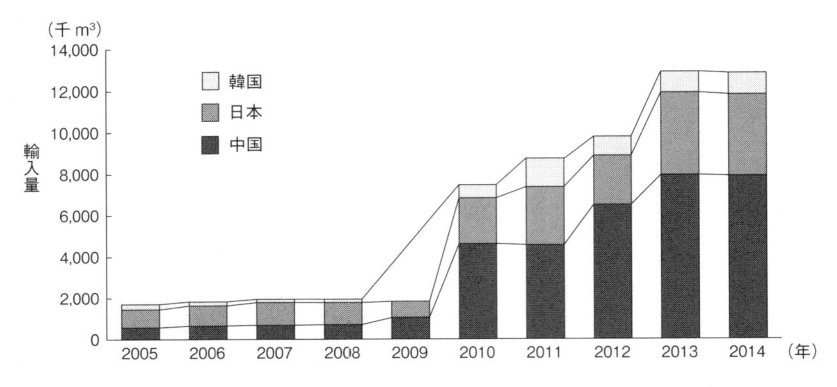

図3-7　ベトナム産チップ・パーティクル輸入上位3か国の動向[46)]

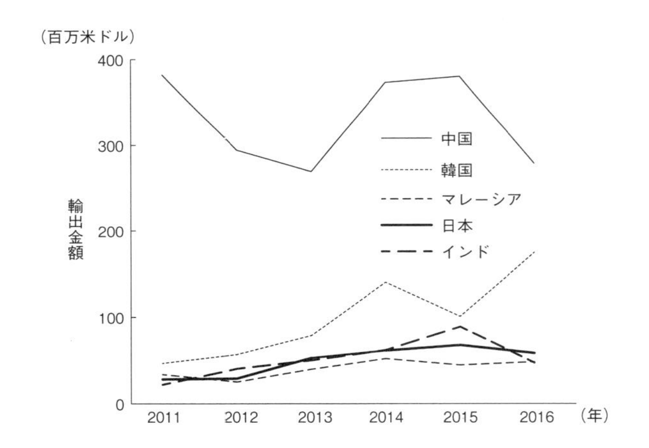

図3-8　ベトナム林産物輸出上位5か国の動向[46)]

占めている（図3-8）。上位10か国の傾向としては、フィリピン、インドネシア、タイのように天然林資源が枯渇した国や、シンガポール、トルコ、およびサウジアラビアという森林に欠く国のほか、アメリカ、オーストラリア、ニュージーランドも上がっており、2016年にはアメリカが4位へと上昇した。一方、EU向け林産物輸出価額をみると、2016年における100万米ドル以上の輸出国のうち、13位にフランス（9,185米ドル）、22位にドイツ（1,908米ドル）が上がっているにすぎない。

(2) 木材供給源としての人工林

ベトナムの2006-2020年森林開発戦略は、経済発展と環境保全に加え、山地における住民の貧困削減および生計向上のために、国土のおよそ半分に相当する1,624万haを森林として維持する目標を掲げている。2015年現在の割当済みの面積1,244万haよりさらに400万ha近くが、林地としていずれかの経営体に割り当てられるとともに、荒蕪地、非森林地に対する植林も推進されることになる。

2015年における人工林389万haの内訳をみると、世帯に対するFLAにおいて植林された面積がもっとも多く、45.0％を占めている。また特別用途林や保護林を経営する森林管理委員会、国営企業および人民委員会という政府セクターが46.8％であり、その両者が大半を占めている(表3-3)。なお、図3-3では、2014年現在で1,259万haにおいてFLAが終了し、うちコミュニティ林を除いたコミューン人民委員会に割り当てられた林地面積は全体の2.2％(27万ha)にすぎないが、それを上回る83万haの植林地がコミューン人民委員会の管轄下にある(表3-3)。その理由としては、まだFLAの終了していない林地は暫定的にコミューン人民委員会が管理しており、それに含まれる植林地が表3-3に計上されているためである。民間企業の経営する人工林が植林地全体の3.4％(13万3,237 ha)と少ない点については、そもそも企業に割り当てられた森林面積自体が少ないことに起因しており、そこには林地で営まれる民間の苗畑も含まれ

表3-3　2015年の経営体別にみた人工林面積[47]

経営体	人工林面積	
	ha	%
森林管理委員会	538,992	13.9
国営企業	448,332	11.5
人民委員会	832,834	21.4
軍	55,193	1.4
世帯	1,747,781	45.0
コミュニティー	48,069	1.2
企業	133,237	3.4
その他の政府系組織	81,900	2.1
計	3,886,337	100.0

写真 3-1 中部ベトナムにおけるアカシアの植林地
（左：トゥアティエンフエ県、右：クァンビン県）

ていると考えられる。

こうした人工林の原木供給ポテンシャルを試算すると、人工林の植栽樹種が後述するアカシアだったと仮定し、在来のアカシアの標準的な伐期令（7 年）および主伐期の材積（84 m^3/ha）を、表 3-1 の生産林に区分された人工林面積（約 273 万 ha）に単純に当てはめると、3,274 万 m^3 が供給可能となる。伐期令がより短く（5 年）、主伐期の材積が大きい（110 m^3/ha）アカシアの交雑種であれば、6,002 万 m^3 が供給できることになる（伐期令および材積については、Bueren, 2014[48] 参照）。

実際には生計支援の観点から、2001 年の第 178 号政府決定は、荒廃地を割り当てられた世帯に対して、20％を上限として農作物栽培に利用することを認めた。また植栽樹種には、用材向けの樹種だけでなく果樹も含まれるため、こうした超短伐期林業のポテンシャルを有する人工林は、気候条件や市場アクセスのよい中～南部に限られているとみることもできる（写真 3-1）。ただし私たちの行った北東部山間地の調査でも、中部ベトナムの規模には及ばないが、舗装道路に面した集落では *Magnolia* conifer（10 年伐期）や *Cinnamomum cassia*（15 年伐期）などの用材樹種の植林が行われ、小規模な加工工場も点在していた。

農業・農村開発省の掲げた目標では、2010 年までに人工林から 370 万 m^3 の大径木を木材加工産業に供給し、2020 年には供給量を 1000 万 m^3 に拡大することとなっている。小径木についても、2010 年までに年間 340 万 m^3 をチップ工場に供給し、それを 2010 年までに 830 万 m^3 に増やすとしている[49]。ベトナムの原木は 8 等級に区分され、大径木とされる径級は、等級区分や地域によって異なるが、概ね40 ～50 cm以上が大径木とされている[50]。しかし、短期的な資金回収をめざす世帯や企業が、大径材供給の担い手になりうるかどうかは未知数である。南部の家具産地で行った調査では、アウトドア家具工場は原料の大半を、中南米からアフリカまでを含む広い範囲から調達しており、主な販路はヨーロッパであることが報告されている[51]。

(3) 植林樹種および遺伝子組換にかかわる政府の方針

2015年の第44号政府決定は、ベトナムにおける植林に適した樹種として40種を挙げている。しかし実際に、紙パルプ産業の原料として植栽されているのはアカシア属とユーカリ属である[52]。アカシアについては、1991年に、ハノイ西部の林木育種研究センターで*Acacia mangium*および*Acacia auriculiformis*が自然交雑してできた*Acacia* hybridが発見され、原産国であるオーストラリアの技術協力により交雑種の選抜が行われるようになった[53]。2000年代に入ると親種より成長が早く伐期令が短い*Acacia* hybridの栽培が急速に拡大したが、樹種別の植栽面積統計はないため、推計に頼るしかない[54]。2010年頃のアカシア属の栽培面積は40万ha、うち22万 ha以上を*Acacia* hybridが占めているとの推計がある[55]。また2014 年におけるアカシアの単一樹種栽培地は、少なく見積もっても110万haを超えているとされる[56]。2015年の人工林面積(表3-3)と較べると、3割以上をアカシアが占めていることになる。

こうした単一樹種栽培地は看過しがたく拡大しており、農業・農村開発省は、リスクに脆弱な植林地面積を600万haと推計している[57]。遺伝子組換技術を用いた育種を公に承認した『バイオテクノロジー活用にかかわる主要プログラムに関する2006年第11号政府決定』は、高収量、高品質、病虫害耐性、および環境変化への耐性をもつ種苗開発における遺伝子組換技術の応用を奨励している。とくに紙パルプ産業を想定したアカシアおよびユーカリ属の早成かつ低リグニン遺伝子組換樹種開発が、2020年までの主要プロジェクトのひとつとして承認されている。

農業・農村開発省がこれまで開始したセンダン属、ユーカリ属、およびマツ属の遺伝子組換技術にかかわる4つの国家プロジェクトのうち、ベトナム林業大学は*Melia azedarach* (2006-2010 年)および*Eucalyptus urophylla*(2012-2016

年)の育種開発を担当した。これまで成長の促進や品質向上に成功したとされるが、懸案の耐病性および耐火性向上への遺伝子組換技術の応用には、さらなる研究開発が必要とされる。

(4) FLAにおける今後の課題

FLAの開始から約20年が経った現在、森林被覆の回復という目的をほぼ達したのちのFLAの課題のひとつは、農家林業の確立にあるといえよう。山地少数民族に対しては、定住化に向けた様々な支援がなされ、ひとまず焼き畑は過去のものとなった。今後は、狭隘な耕地とFLAを組み合わせた高度な土地利用システムの確立により、政府支援への依存をどのように軽減していくかが問われている。またベトナムに限らず東南アジア各地ですでに顕在化している、国内外の都市部への若年層の流出を、どのように農村開発計画に反映させていくかも検討する必要がある。

一方、急速なチップ輸出の拡大など、木材加工産業の発展に原料供給が追いつかず、木材加工産業間の原料をめぐる競合が激しくなるとの予想もある。天然林に対する圧力に加え、ベトナムの森林保全が周辺国からのリーケージを引き起こしている可能性があることにも留意しなければならない。

(増田美砂/グエン トゥ トゥイ)

参考文献等

1) Kerkvliet, B. J. T.(1995) Village-state relations in Vietnam: The effect of everyday politics on decollectivization. *Journal of Asian Studies* 54(2), pp.396-418.

2) Aklam-Lodhi, Haroon, A.(2005) Vietnam's agriculture: Processes of rich peasant accumulation and mechanisms of social differentiation. *Journal of Agrarian Change* 5(1), pp.73-116.

3) Phan, M. T., Populus, J.(2007) Status and changes of mangrove forest in Mekong Delta: Case study in Tra Vinh, Vietnam. *Estuarine, Coastal and Shelf Science* 71, pp.98-109.

4) Le Thi Van Hue, Scott, S.(2008) Coastal livelihood transitions: Socio-economic consequences of changing mangrove forest management and land allocation in a commune of Central Vietnam. *Geographical Research* 46(1), pp.62-73.

5) Vu, H. T., Pham, X. P.(2001) Impacts and effectiveness of logging bans in natural forests: Vietnam. In Durst, Patrick B., *et al.*(eds.), *Forests out of bounds: Impacts and effectiveness of logging bans in natural forests in Asia-Pacific*. Asia-Pacific Forestry Commission, FAO, Bangkok, Thailand. pp.185-207.
6) Castella, J.-C., Stanislas B., Nguyen H. T., Novasad, P.(2006) The impact of forest land allocation on land use in a mountainous province of Vietnam. *Land Use Policy* 26, pp.147-160.
7) 遠藤 聡(2008)ベトナムにおける法体系の整備: 2008年法規規範文書公布法を中心に. 外国の立法238, 177-190頁.
8) Tran, D. V., Nguyen, V. Q.(2007) *Decentralization in Forest Management in Vietnam's Uplands: Case Studies in three Communities. In Proceedings of Regional Conference on Environmental Planning and Planning and management Issues in Southeast Asian Countries*. Hanoi Agricultural Publishing House, Hanoi, pp.96-120.
9) Nguyen, Q. T., Nguyen, B. N., Tran, N. T., William, S., Yurdi, Y.(2008) *Forest Tenure Reform in Viet Nam: Case Studies from the Northern Upland and Central Highlands Regions*. Regional Community Forestry Training Center for Asia and the Pacific, Bangkok, Thailand.
10) Sikor, T.(2001) The allocation of forestry land in Vietnam: Did it cause the expansion in the northwest ? *Forest Policy and Economics* 2(1), pp.1-11.
11) Sikor, T., Tran, N. T.(2007) Excusive versus inclusive devolution in forest management: Insights from forest land allocation in Vietnam's Central Highlands. *Land Use Policy* 24(4), pp.644-653.
12) 前掲6).
13) Jakobsen, J., Rasmussen K., Leisz S., Folving R., Nguyen, V. Q.(2007) The effects of land tenure policy on rural livelihoods and food sufficiency in the upland village of Que, North Central Vietnam. *Agricultural Systems* 94(2), pp.209-319.
14) Tran, N. T., Sikor, T.(2006) From legal acts to actual powers: devolution and property rights in the Central Highlands of Viet Nam. *Forest Policy and Economics* 8 (4), pp.397-408.
15) Nguyen, Q. T.(2006) Forest devolution in Vietnam: Differentiation in benefits from forest among Local households. *Forest Policy and Economics* 8(4), pp.409-420
16) To, X. P.(2007) *Forest Property in the Vietnamese Uplands: An Ethnography Forest Relations in Three Dao Villages*. Lit Verlag Publisher, Berlin.
17) 前掲11).
18) Clement, F., Amezaga, J. M.(2009) Afforestation and forestry land allocation in

northern Vietnam: Analysing the gap between policy intentions and outcomes. *Land Use Policy* 26(2), pp.458–470.

19) Nguyen, T. T.(2018) Creation of Farm Forestry on Allocated Forestland and Its Contribution to the Livelihoods of Local People in a Mountainous Region of Northeast Vietnam. Dissertation. Tsukuba, Japan.

20) de Jong, W., Do, D. S., Trieu, V. H.(2006) *Forest rehabilitation in Vietnam: Histories, realities and future*. Center for International Forestry Research, Bogor, Indonesia.

21) 前掲 12).

22) Forest Protection Department(2006) *Annual report 2005*. FPD, Hanoi, Vietnam.

23) Forest Science Institute of Vietnam(2009) *Vietnam forestry outlook study*. Food and Agriculture Organization of the United Nations Regional Office for Asia and the Pacific, Bangkok, Thailand.

24) Meyfoidt, P., Lambin, E. F.(2008 a) The causes of reforestation in Vietnam. *Land Use Policy* 25, pp.182–197.

25) Meyfoidt, P., Lambin, E. F.(2008 b) Forest transition in Vietnam and its environmental impacts. *Global Change Biology* 14, pp.1319–1336.

26) Ministry of Agriculture and Rural Development(2016) *The status of forest nationwide in 2015*(Decision No. 3158/QD-BNN-TCLN).

27) 前掲 20).

28) 前掲 23).

29) Ministry of Agriculture and Rural Development(2013) *The status of forest nationwide in 2012*(Decision No.1739/QĐ-BNN-TCLN).

30) 前掲 26)

31) Ministry of Agriculture and Rural Development(2011) Summary report on the 5 Million Ha Reforestation Program and the Plan for Forest Protection and Development 2011–2015. MARD, Hanoi.

32) Food and Agriculture Organization of the United Nations(2015) *Global Forest Resources Assessments*. http://www.fao.org/forest-resources-assessment/explore-data/en/ (2016年5月13日閲覧).

33) 前掲 31).

34) To, X. P., Tran, H. N., Roderick, Z.(2013) *Forest land allocation in Viet Nam: Implementation processes and results*. Tropenbos International Viet Nam, Hue, Vietnam.

35) Ministry of Natural Resources and Environment(2014) *The statistics of land area in 2013*(Decision No. 1467/QĐ-BTNMT).

36) General Statistics Office of Vietnam (2009) *Population and housing census: Vietnam 2009*. GSO, Hanoi, Vietnam.
37) General Statistics Office of Vietnam (2012) *Poverty and Migration Profile of Vietnam in 2012*, GSO, Hanoi, Vietnam.
38) 前掲 20).
39) Morris J., Le T. P., Ingles A., Raintree A., Nguyen V. D. (2004) *Linking Boverty reduction with forest conservation: Case studies from Vietnam*. IUCN, Bangkok, Thailand.
40) Castrén, T. (1999) *Timber trade and wood flow-study: Vietnam*. Poverty Reduction and Environmental Management in Remote Greater Mekong Subregion (GMS) Watersheds Project (Phase 1), Asian Development Bank, Manila, the Philippines.
41) 前掲 31).
42) To, X. P., Tran, H. N. (2014) *Forest Land Allocation in the context of forestry factor restructuring: Opportunities for forestry development and upland livelihood improvement*. Tropenbos International Viet Nam, Hue, Vietnam.
43) Ma, Q., Broadhead, J. S. (eds.) (2002) *An overview of forest products statistics in South and Southeast Asia*. FAO Regional Office for Asia and the Pacific, Bangkok, Rome.
44) Putzel, L., Dermawan, A., Moeliono, M., Trung, L. Q. (2012) Improving opportunities for smallholder timber planters in Vietnam to benefit from domestic wood processing. *International Forestry Review* 14(2), pp.227-237.
45) Tran, L. H., To, X. P. (2013) *Vietnam's wood chip industry: Status of the Sector in 2012 and Challenges for future development*, Forest Trends Association, Binh Dinh, Vietnam.
46) Food and Agriculture Organization of the United Nations (2017) *FAOSTAT: Forestry production and trade*. http://www.fao.org/faostat/en/#data/FO (2017年2月27日閲覧).
47) 前掲 26).
48) Bueren, M. (2004) *Acacia hybrids in Vietnam*. Australian Centre for International Agricultural Research, Canberra, Australia.
49) Ministry of Agriculture and Rural Development (2007) *Vietnam Forestry Development Strategy 2006-2020* (Decision No. 18/2007/QD-TTg).
50) Ministry of Agriculture and Rural Development (2007) *Regulations on logging and other forest products harvesting* (Decision No. 40/2005/QĐ-BNN).
51) 前掲 44).

52) The Tropical Forest Trust (2015) *The pulp and paper sourcing Vietnam.* TFT, Hanoi, Vietnam.

53) 前掲 49).

54) Amat, J.-P., Bôi, P. T., Amélie, R., Nghị, T. H. (2010) Can fast growing-species form high-qualitty forests in Vietnam: examples in Thù'a Thiên-Huê province. *Bois et Forêts des Tropiques* 305 (3), pp.67-76.

55) Sein, C. C., Mitlöhner, R. (2011) *Acacia hybrid: Ecology and silviculture.* Center for International Forestry Research, Bogor, Indonesia.

56) Nambiar, S, E. K., Harwood, C. E., Nguyen D. K. (2014) Acacia plantations in Vietnam: research and knowledge application to secure a sustainable future. *Southern Forests: a Journal of Forest Science* 77 (1), pp.1-10.

57) Ministry of Agriculture and Rural Development (2010) *Use of GM forest trees: why not?* MARD, Hanoi, Vietnam.

第4章　インドネシアにおける農民造林

はじめに

インドネシアの森林減少は森林資源の分布と木材消費市場に強く影響を受けてきた。特にジャワ島は面積が狭小でありながら、水田が集中しているために人口扶養力が高く、その上、首都を要していることから労働力を吸収するため、人口密度が高い。ジャワ島の面積は国土の6.2％であるにもかかわらず、1961年時点で全人口の約3分の2近くの人々が居住していた。一方で、労働力の吸収の低い焼畑が行われていたジャワ島以外の島々（以下、外島）は広大な面積を有し、人口密度が低い。ジャワ島は土地権利の画定がいち早く行われ、外島では未だ曖昧な場所が多いという状況がこのような人口分布の著しい歪みを生み出し[1)]、そのことが木材の需要と供給にも大きく関係してきた。

インドネシアの木材生産はまず、オランダ植民地時代のジャワ島におけるジャワ島内の地場消費のためのチーク（*Tectona grandis*）の生産に始まり、第2次世界大戦後には外島におけるメランティ（*Shorea* spp.）などのフタバガキ科樹種を中心とした輸出仕向けの木材の生産が行われてきた[2)]。その後、1967年の林業基本法および1968年の外国資本投資法が施行され、急速に原木輸出が拡大した。しかし1979年に始まった一連の木材加工工業化政策によって原木輸出規制が強められ、それに伴い木材加工産業が成長した[3)]。特に装置産業である合板産業では、木材コンセッションを有する伐採企業に併設するかたちで工場が設立され、カリマンタン島やスマトラ島では、次第に複数のコンセッション、さらには分散した地域を集荷圏とする大規模工場へと変化していった[4)]。

1990～1995年の年平均1.7％という人口の増加と7.2％というGDPの飛躍

的な成長にともない[5]、人口の約60％を占めるジャワ島に立地する木材加工工場の一部は国内市場向けに設立された[6]。外島の天然林産材だけでなく、ジャワ島の人工林材も原料として利用することができるため、外島に立地する輸出仕向けの製品を製造する木材加工工場に比べて小規模ではあるものの、使用原料の種類において多様性があった[7]。

2000年以前の天然林の伐採が中心であった時代（以下、天然林時代）のインドネシアの統計からは、ジャワ島の林業公社が管理・経営する人工林、外島の産業植林（*hutan tanaman industri*：HTI）による人工林、および外島の伐採企業が伐出を行う天然林と主に国有林が供給地であったことがわかる。その業種および使用される樹種も、林業公社のチーク、マツ（*Pinus merkusii*）は製材品・家具用、産業植林のアカシア（*Acacia* spp.）などの早生樹は紙・パルプ用、伐採企業のフタバガキ科の樹種は主に合板用と、供給源だけでなくその業種に対する樹種も決まっていた[8~11]。

一方で、1990年代に入ると木材加工産業の発展に起因する天然林資源の枯渇が顕在化し、1997／98年の大規模な森林火災や増加し続ける違法伐採・開墾も相まって国有林は著しく減少し、それに伴って木材生産量も縮小していった[12,13]。ジャワ島でも、林業公社（*Perum Perhutani*）の管理・経営する国有林における違法伐採や開墾が地方分権化期に急増し、人工林資源は著しい打撃を受けた[14]。外島の天然林に依存して発達した木材加工産業は縮小・再編だけでなく、原木調達方法においても変化を余儀なくされ、これまで難しいとされてきた私有林で生産される材（以下、私有林材）を使用する工場が登場することになる[15]。

1. 私有林に関わる制度・政策

(1) 私有林の定義

私有林の定義については次のようにまとめられている[16]。『1999年林業法第5条によると、国有林の利用区分は生産林、保安林、保護林に大別される。また国有林に対する住民の権利は、慣習林、村落林、およびコミュニティ林として一定程度は認められている。国有林以外の森林については、同第5条で「権利林（*hutan hak*）とは、所有権のある土地に存在する森林で、私有林（*hutan rakyat*）とも呼ばれる」と定めている。1999年林業法以前は、所有林（*hutan milik*）という用語が用いられていた。1997年の林業大臣決定第49号「私有林の資金と経営[17]」によると、植生からみた私有林は「面積0.25 ha以上で、その50％以上が樹木および他の植物で覆われている、もしくは1 ha当たり500本以上の樹木が生えている森林」と定義されている。この大臣決定の時点では植生についてのみ言及しているが、林業法においては土地の権利にまで言及している』。

所有権のある土地、すなわち私有地については、次のような言及がある[18]。『インドネシアにおいては、土地登記上は森林という区分がなく、私有林は農地に区分される。私有地が森林の状態であるからといって特別な権利や義務が発生することはなく、私有林においても、その土地に対しては私有地と同様に1960年の農地基本法[19]が適応される。この農地基本法は「近代国家への適合」として所有権を規定している。その第20条1項は、「所有権は、人が土地に対して有する、世襲的で最も強力で、最も完全な権利である」とされ、その絶対的排他性を想起させる。しかしながら実際には、「全ての土地に対する権利は社会的機能を持つものとする」という注釈が付き、結局の所、農地基本法の定める事業用益権や使用権などの他の権利に比べて、「最も強力であり、最も完全な権利」であるに過ぎず、必要とあれば国家はその権利を消滅させることもできる[20]。例えば、島嶼間移住政策や森林開発政策は、この所有権によって阻害されてはならない、とされている』。

（2）私有林材の生産・流通

私有林から生産される材は、林業大臣規則によって統制されている。まず2005年の「権利林利用指針[21]」によって、私有林における植林・伐採・加工・流通のあり方が成文化され、それまで国有林を前提としていたインドネシアの林業政策が、様々な所有形態を含む総合的な森林・林業政策へと発展した[22]。一方で国有林における違法伐採問題を抱える政府としては、私有林材の流通過程における違法伐採材の混入を避けるための措置も同時に求められることとなり、翌2006年には「権利林から生産された木材搬出のための原産地証明書の適用[23]」が導入され、私有林材に「原産地証明書（*surat keterangan asal usul*：SKAU）」が要求された。2006年時点では、モルッカネム(*Paraserianthes falcataria*)、ゴム(*Hevea brasiliensis*)、ココヤシ(*Cocos nucifera*)の3種類の材の運搬に際してのみ証明が必要であったが、多様化する私有林材の樹種に対応するため、2007年には「権利林から生産された木材搬出のための原産地証明書の適用の改定」[24]によって、アカシア、チーク、マホガニーなど21樹種が新たに加えられた。21種以外の樹種に関しては「原木合法証明」(*surat keterangan sah kayu bulat*：SKSKB)が適用されると、2006年の林業大臣規則第P.55号「国有林から生産される木材生産物の管理」[25]の第60条「推移事項の明確化」に記されている。

2012年には林業大臣規則第30号「私有林由来の森林資源管理」[26]が発効され、その中で移送に際しては、原産地証明(もしくは移送に関する覚書(*nota angkutan*)か個人利用のための移送に関する覚書(*nota angkutan penggunaan sendiri*)。以下では、これらを総称して原産地証明書とする)を、私有林が存在する村の村長(*kepala desa/lurah*)もしくは村要職者(*perangkat desa/kelurahan*)から発行してもらう必要があることが記されている。村長不在などによって木材の流通が滞る可能性を考慮し、森林局の出張所において原産地証明書の発行の代行が可能である。そして、この出張所において原産地証明書のチェックは行われる。この原産地証明書は、私有林材を輸出する際も原産地の証明として必須の書類である。したがって、輸出を行っている企業に木材を販売する場合は、発行された原産地証明書は木材とともに企業に提出される。

(3) ジャワ島の私有地および私有林に関する研究

ジャワ島においては、分益小作や農民階層に関する農村調査が数多く行われてきた[27,28]。その中で、農地改革以前の日本の状況と比べると農民階層の分化はそれほど起きていないこと、しかしながら土地なし層が大量に存在することが明らかにされ、その原因は土地に対する高い人口圧力であると結論づけられている。このように、ジャワ島においては土地の稀少性が高く、そのため、所有権が利用権に比べて優位になる。その私有地が森林(私有林)に変化するということは、私有林(私有地)の所有者にとって木材の販売価格が十分に高いこと、広い土地を所有していること、そして所有者が木材の収穫までを待つことができる相対的に富裕な層であることを意味している[29]。

インドネシアの私有林に関する研究は、その多くが農村社会学的研究やアグロフォレストリー研究、私有地における政府主導の植林プログラムに関するものである。農村における事例研究では、西ジャワ州の1県および中ジャワ州の2県における調査から、全ての事例において住民による木材生産は少量であり副次的な収入にとどまってはいるが、急な出費の際のセーフティーネットとしての役割を果たしているとされている[30,31]。また、中ジャワ州の事例研究では、住民が個人で行う木材生産の規模は小さいが、村・集落という単位で見ると一定量の木材が供給できるだけの立木材積が形成されていると推測されている[32]。これらの調査が行われた私有林は、住民の自主的な植林によって造成されたものである。その植栽状況については、東ジャワ州クディリ県の農民によるモルッカネム植栽の事例から、農民は短期収入が期待できるアグロフォレストリーを選好する傾向があることと、モルッカネム植栽を行っていない農民に比べて植栽を行っていた農民の土地の平均所有面積が大きいことが明らかにされている[33]。

(4) 農民による植林および造林の歴史と実績

林業省の統計では、インドネシアの私有林の面積は、ジャワ島を中心に1999年の約127万haから2004年には約157万haに増加した[34,35]。そして、島面積がインドネシア全土の10％に満たないジャワ島に私有林の約50％が存在する(表4-1)。地域面積に占める私有林面積の割合を見ると、ジャワ島では他の地域に比べて高くなっている。これは、インドネシア政府の植林政策、特に私有

表4-1　各島の私有林面積の推移と州面積に占める私有林面積の割合

島名	私有林面積(千ha) 1999年	私有林面積(千ha) 2004年	国土に占める地域面積の割合(%)	地域面積に占める私有林の割合(%)
マルク・パプア	40	19	30.3	0.03
スラウェシ	221	209	9.3	1.09
カリマンタン	163	147	26.6	0.27
バリ・ヌサトゥンガラ	216	191	4.3	2.18
スマトラ	235	220	23.4	0.46
ジャワ	391	778	6.2	6.10
計	1,266	1,564	100	0.81

資料：Departemen kehutanan(1999)[34], (2004)[35]

地を対象とした植林プログラムがジャワ島に集中し、その実績の66.4％がジャワ島で実施されたためである[36)]。

私有地における植林政策は、ジャワ島における、インドネシア独立以降の荒廃地修復に始まり、1980年代は森林被覆率の増加および木材供給の増産、そして1990年代末になって地域社会の収入増加を目標とするようになった[37)]。2003年からは、「森林・土地修復のための国家運動」(*Gerakan Nasional Rehabilitasi Hutan dan Lahan*：GN-RHL)が国有林の修復とともに私有地における土地生産性の改善と住民の所得向上を目指して実施された[38)]。林業省は2003年までに創出された私有林を、1)自主植林による私有林(*hutan rakyat swadaya*)—住民が自ら植樹、利用をしてきた森林、2)補助金による私有林(*hutan rakyat subsidi*)—GN-RHL以前に行われた植林プログラムによって造成された森林、3)融資による私有林(*kredit usaha hutan rakyat*)—資金を貸与することで住民の植樹を促すプログラムによって造成された森林[39)]、4)造林基金による植林(*Dana Alokasi Khusus Dana Reboisasi*：DAK DR 40 %)—天然林の伐採から徴収する造林基金の40％を用いた植林による森林、5)GN-RHLによる森林—2003年から2007年までの5年間で300万haの計画を掲げた植林による森林の5つのタイプに分類している。

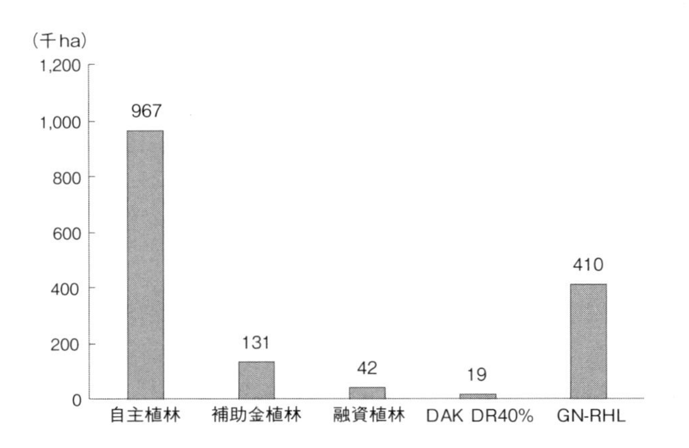

図4-1 造成過程別にみたインドネシアの私有林面積(2004年)
資料：Departemen kehutanan(2004)[35)]

それぞれの実績をみると、自主植林とGN-RHL以外は私有林造成への面積的貢献は少ない(図4-1)。融資植林に関しては、モニタリング、融資、および技術の伝達が不完全であったために失敗したと言われている[40]。造林基金による私有林に関しては、東カリマンタンの事例をもとに、対象地決定の際に参加住民の反発が生じた例が報告されている[41]。GN-RHLに関しては、植林実施過程において、割当面積が参加世帯の合計経営地面積を上回っていたこと、植栽用地・苗木の分散が起きたことなど、不適切な運用がいたるところで見られたことが指摘されている[42]。また、GN-RHLに関しては、植林プログラムの目標を広げすぎたため、そして報酬、苗木、肥料が手に入るという高条件の補助のため、植林に積極的でない参加世帯までもが参加し、植林によって農地での耕作ができなくなることを避けるために、成林の可能性のない方法で植樹が行われていたことも明らかにされている[43]。このように、統計上で面積的な拡大を見せる政府主導の植林プログラムによって造成される私有林ではあるが、その数値は必ずしも実態を示していると限らない。

① 森林・土地修復のための国家運動(GN-RHL)

GN-RHLに関する2003年林業大臣決定第369号[44]では、私有林造成の目的を、環境保全を通じた土地生産性の改善と住民の所得向上としている。このプログラムが行われたのは、林業公社が経営・管理するジャワ島の国有林において、1999年の地方分権化と期を一にして違法伐採および開墾が急増し、深刻な破壊を受けたこと、および頻繁に河川の氾濫が生じ、2002年にはジャカルタの一部が水没するに至ったことが背景としてある[45]。用地選定の基準については、立地条件として、農耕不適地や河川の上流域だけでなく、市場への近接を挙げている。また社会条件として、経済社会開発の遅れた地域だけでなく、私有林の意義が周知されており、社会の意欲が高い地域を加えている。その計画面積は、修復の優先度にしたがって流域ごとに割り振られる。国有林外における植林は、苗木や肥料などの現物とともに、自らの土地に植林した場合であっても、報酬が支払われる。2003年の計画面積は30万ha、実績は29万5,000haであった。国有林外を対象とした植林は13.7万haであり、うち9万ha(65.7%)はジャワ島で実施された[46]。しかし2003年当時、ジャワ島は997人/km^{2}と世界でも有数の人口密度を有しているうえに[47]、農地面積が全体の69.1%を占めており[48]、国有林外で大規模に植林するならば、農地で植林するしかない状況であった。

② **提携私有林造成模範プログラム**

インドネシアにおいては、農民と分収契約を結び将来的な原木の安定確保を図るという形態で造林を行う企業が2000年代に台頭してきた。全国で17の木材加工企業が、住民に対して苗木の配布と木材の買い取りを開始し、2007年までに、私有地に7万4,713haを植林した[49](図4-2)。2007年時点でジャワ島において契約造林を実施していた企業は5社あり、面積で約7,500haになる。外島においてはアカシアを中心に、ジャワ島では全てモルッカネムが植栽されていた[50]。

企業が実施するこの契約造林という方法に目を付け、政府が全国に広めようとしたのが、提携私有林造成模範プログラムである。2006年林業大臣決定第421号[51]が発効され、林業発展のための重点課題が提示された。その中のひとつに「私有林の造成」があり、提携私有林造成模範プログラムはその手段の一部をなしている。林業省は、2003年に開始されたGN-RHLの後継プログラムとして2007年以降、このプログラムに力を入れている。GN-RHLが荒廃地修復を主たる目的としているのに対し、木材生産を目標とする点が異なっている。提携私有林造成模範プログラムは、住民と企業の共同で私有林を造成すること

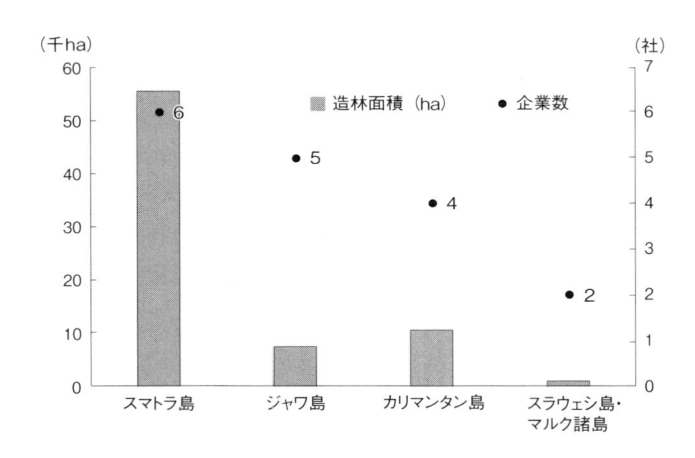

図4-2 島別に見た契約造林実施企業数および面積
資料:Departemen kehutanan(2007a)[49]

により、企業の原料不足解消とともに住民の生活水準向上をも狙っている。住民は植栽地と労働力を、企業は苗木、肥料、植栽技術および市場を提供し、林業省の下部組織である流域管理事務所は為政者としてコーディネーターの役割を果たす。同プログラムにより2007年には約6,000 haの私有林が造成されたと報告されており、さらに2009年までにインドネシア全土で1万2,000 haの植林が計画されていた(2008年林業大臣規則第54号[52])。2010年からは、流域管理事務所がコーディネーターとしての役割を終え、住民と企業間での契約造林と同じ形態をとりながら、2014年までの5年間で25万haの植林が計画されていた(2010年林業大臣規則第49号[53])。

2. ジャワ島における木材加工産業の原木調達戦略

2008年時点では、全国に大規模・中規模の木材加工工場は1,035工場あり、その内訳は大規模工場354、中規模工場681である[54]。ジャワ島には最も工場が多く存在し、620工場がある。その内訳は大規模工場195、中規模工場425である。次いでスマトラ島184工場、カリマンタン島104工場、スラウェシ島84工場となる。業種別にみると、製材工場と内装・外装材製造工場が多い。両者ともに半数以上がジャワ島に存在する工場である。単板・合板および木質ボードは大半の島において中規模工場の数より大規模工場の数が多くなっており、規模が大きくなければ採算をとることが難しい業種であることがわかる。本節では、農民造林によって私有林面積の拡大が見られるジャワ島の木材加工企業がどのような戦略を採り、どのような場所から原料を調達していたのかを概観する[55]。

(1) ジャワ島の木材加工工場の原木調達先

私有林を第一の調達先とする工場が、2008年時点では95工場中37工場に上った(表4-2)。私有林材は工場数であれば木質ボード工場(12工場)が、業種別の割合であれば単板・合板工場および木質ボード工場(各業種中64％と63％)で多く使われていた。一方で、外島の国有林からの材は製材および内装・外装材に使われる傾向があった。また数としてはわずかではあるが、輸入材を用い

表 4-2 業種別に見た 2008 年時点の原木調達先

（工場数）

	私有林	国有林		国外	農園用地	計
		ジャワ	外島			
製材	8	6	11	0	0	25
単板・合板	7	2	1	1	0	11
木質ボード	12	3	1	2	1	19
内装・外装材	10	10	16	4	0	40
計	37	21	29	7	1	95

資料：岩永（2012b）[55]をもとに作成

ているとする工場や国有地内農園用地から原木を調達していた工場もあった。輸入材の具体的な調達国はアメリカ合衆国、カナダ、マレーシアであり、木質ボードや内装・外装材に使われていた。農園用地は、用益権（*hak guna usaha*）を保有する企業もしくは工場が国に国有地を使用することに対する地代を支払い、プランテーションを行う土地である。

年代順に原木調達地ごとの工場数を示すと表 4-3 のようになる。私有林材を使用する工場が着実に増加し、2000 年以降にジャワ島の国有林から原木を調達する工場の数が減少した。これはジャワ島の国有林内において違法伐採が多発したことによるものであり、スハルト政権の崩壊と期を一にしている。

設立時と 2008 年時点の原木調達先の変化を示した（表 4-4）。設立時には他の調達先から原木を入手していたが 2008 年時点では私有林から原木を調達している工場は、2008 年に私有林材を使用している工場の 29.7 % を占め、調達先が私有林へと大きく変化していることがわかる。海外から木材を輸入している

表 4-3 1980 年から 2008 年までの原木調達先の変遷

（工場数）

年	n	私有林	国有林		国外	農園用地
			ジャワ	外島		
1980	12（%）	1（ 8）	8（67）	3（25）	0（0）	0（0）
1990	45（%）	11（24）	15（33）	15（33）	3（7）	1（2）
2000	81（%）	23（28）	24（30）	25（31）	4（5）	1（1）
2008	95（%）	37（39）	21（22）	29（31）	7（7）	1（1）

資料：表 4-2 と同じ

表 4-4　設立時と 2008 年時点の原木調達先の変化

（工場数）

年			設立時				
			私有林	国有林		国外	農園用地
				ジャワ	外島		
2008	私有林		26	5	6		
	国有林	ジャワ	3	16	2		
		外島	1	3	25		
	国外		1		1	5	
	農園用地						1

資料：表 4-2 と同じ

工場は原木調達先を変更しない傾向にあった。一度高級材を輸入し、付加価値の高い木材加工品を輸出するという業態ができると、それが確立し継続すると考えられる。また、設立時から 2008 年まで変わらず私有林材を使用している 26 工場中、12 工場は 2000 年以降に設立された工場であり、2000 年以降に設立された工場の 67 % を占める。このように、ジャワ島の近年における企業の新規参入を伴う私有林材へのシフトがみてとれる。原木調達先の変化を見る際、材が硬いために加工が難しく、伐期も長い主に国有林で生産される樹種を扱う工場と早生樹が多い私有林材を扱う工場では、材の性質とそれに起因する工場の加工設備が異なる可能性もある。しかし、表の結果から、私有林から外島国有林へ、外島国有林からジャワ島国有林へといった調達先の変化のパターンが全て揃っており、工場の設備は原木調達先の変化を制約していなかった。

(2) ジャワ島の木材加工工場が使用する樹種

原木調達先は変更していないが、使用樹種を変更したという場合も考えられる。そこで、原木調達先別にみた 2008 年時点の使用樹種を示した（表 4-5）。モルッカネムが最も多く、26 工場で使用され、全て私有林から調達されていた。チーク、マツの多くはジャワ島の国有林、メランティ、ムルバウ（*Intsia palembanica*）の多くは外島の国有林由来のものであった。数工場はマレーシア産のメランティ、アメリカ合衆国とカナダ産のアカガシワ（*Quercus rubra*）を輸入していた。外島の国有林で生産されるムルバウがメランティの減少を補うよ

表 4-5 使用樹種別に見た 2008 年時点の原木調達先

（工場数）

樹種名	学名	私有林	国有林 ジャワ	国有林 外島	国外	農園用地	計
チーク	*Tectona grandis*	4	15	0	0	0	19
マツ	*Pinus merkusii*	0	5	0	0	0	5
ムルバウ	*Intsia palembanica*	0	0	10	0	0	10
メランティ	*Shorea* spp.	0	0	13	3	0	16
モルッカネム	*Paraserianthes falcataria*	26	0	0	0	0	26
ゴム	*Hevea brasiliensis*	3	0	0	1	1	5
アカガシワ	*Quercus rubra*	0	0	0	2	0	2
その他		4	1	6	1	0	12
計		37	21	29	7	1	95

資料：表 4-2 と同じ

表 4-6 1980 年から 2008 年までの使用樹種の変遷

（工場数）

年	n	チーク	マツ	メランティ	ムルバウ	モルッカネム	その他
1980	12(%)	8(67)	0(0)	2(17)	1(8)	1(8)	0(0)
1990	45(%)	16(36)	2(4)	10(22)	4(9)	7(16)	6(13)
2000	81(%)	17(21)	8(10)	16(20)	6(7)	18(22)	12(15)
2008	95(%)	19(20)	5(5)	16(17)	11(12)	26(27)	18(19)

資料：表 4-2 と同じ

うにシェアを増やしていた。

各工場において使用している原木の樹種の 1980 年からの経年変化を追うと、モルッカネムの 2000 年以降の急激な伸びが目立つ（表 4-6）。また、メランティ、チークおよびマツは、減少傾向にある。メランティはカリマンタン材の入手が困難になったことの、チークは 1990 年代後半のジャワ島の国有林の荒廃の、マツは 2003 年に定められたジャワ島の一部の国有林再区画[56]によって伐採禁止もしくは他の樹種に変更されたことの影響を受けていると考えられる。

(3) 契約造林を行う企業の概要

ビネアタマ カヨネ レスタリ（Bineatama Kayone Lestari：B）社は、前述した私有林から材を調達している 37 工場の中で、伐採企業材および林業公社からの材の調達をやめ私有林材利用に移行した工場のひとつである。従業員数約1,600人の巨大工場のひとつであり、ジャワ島内における木材生産動向への影響も大きいと考えられる。このB社の歴史および動向は、ジャワ島の木材加工産業における使用原木の調達先の私有林への移行が起きているポスト天然林時代の状況を代表していると言える。

B社はビネアタマ カヨネ レスタリ(Bineatama Kayone Lestari：B)グループの中の1企業である。Bグループは加工部門を担う4企業(工場)と、原料調達部門を担う1社からなる。グループの中心となるB社は西ジャワ州タシクマラヤ市に工場を構えている。B社は1993年に設立され、当初は林業公社のマツを調達し、ドア用のフィンガージョイント加工を施した集成材(finger joint laminating board)を製造していた。1995年からは、カリマンタン島で伐採事業権を取得している企業から、スンカイ(*Peronema canescens*)、メランティ、アガチス(*Agathis palmerstoni*)、ニャトー(*Madhuca philippinensis*)を購入し集成材の原料として使用しはじめた。2000年頃になると、国有林再区画によって林業公社によるマツの供給が終了し、さらに、中国製品との価格競争に押され、集成材からランバーコアボード・化粧貼集成材へと、より付加価値の高い製品への変更を余儀なくされた。2002年以降は、カリマンタン島の森林減少の影響からカリマンタン産材の使用を停止し、私有林材のモルッカネムのみを使用し、ランバーコアボード・化粧貼集成材に一本化した。B社だけでは拡大するランバーコアボードの需要を満たせなくなったため、2003年に工場を新設した。さらに、Bグループに挟まれるように立地し、原木調達競争に負け廃業した工場を2007年に買収し、グループ傘下に置いた。当初からこの2工場ともにモルッカネムのランバーコアボードの製造を続けている。ジャワ島にあるこの3工場ともに、西ジャワ州の南部から中ジャワ州にかけた広い範囲で原料を調達しており、2007年は計982 haから約27万m^3の原木を購入した。しかし、この量は3工場の最大原木消費量の19.4％にしかあたらず、原料が不足している状態であった。2008年に新たに吸収合併された工場は、合併以前からイリアンジャヤにおける森林利用事業許可から年間約6万m^3のメランティを調達し、他の3工場で使われるベニヤ板の製造を行っている。ランバーコアボードは全て輸出され、主な輸出先は台湾、エジプト、中東である。

1993年から2004年にかけてのB社の工場規模は小さかったため、十分に安定した原木の供給があった。原木購入価格も、モルッカネムを使用し始めた1998年から2004年までは30万ルピアで安定していた。しかし、2005年以降原木不足に陥り、購入価格は上昇し続け、2009年には65万ルピアになった。2005年以降の原木供給不足は、私有林材のストック減少とともに、モルッカネム収集競争が他社と繰り広げられたことによるものである。

1993年から2000年までの年間原木使用量は約8万 m^3、2000年から2004年までは約12万 m^3 であり、2005年には約20万 m^3 に到達したが、2008年には約14万 m^3 とピーク時の2005年の生産量を下回っている。原木の使用量が減少したのは、2001年から5年以上モルッカネム材を供給し続けてきたことによって、私有地における立木の蓄積が減少したためである[57)]。

(4) B社が実施する契約造林の仕組み

非契約における木材の伐採から搬出にいたる木材の流通は図4-3右側の自主植林(非契約)のようになる。自主的に植栽した樹木が伐期齢に達すると、農民は自ら伐採を行うか、伐採業者あるいは製材所に依頼する。伐採業者は、伐採

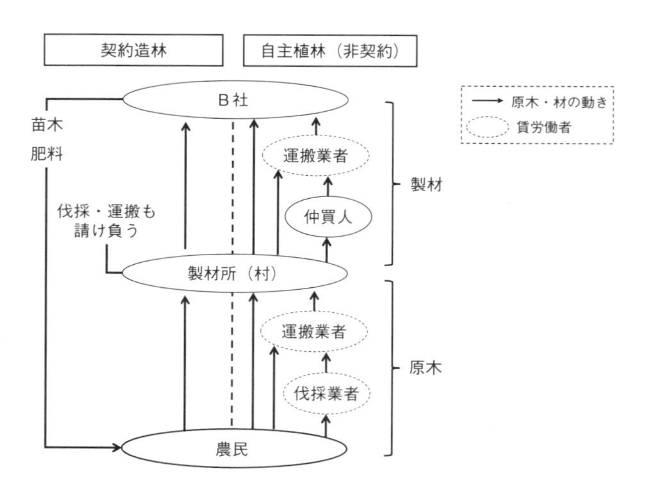

図4-3　契約造林および非契約下の原木・材の動きとステークホルダー
資料：岩永(2012a)[57)]をもとに作成

して人力で近くの道路まで搬出する。そして、運搬業者が原木をトラックで製材所に運ぶ。製材所は立木価格と労賃が含まれた価格で原木を買い取り、原木を角材に加工する。そして、製材所は仲買人を通じて運搬業者へと受け渡し、運搬業者は角材をB社に運ぶ。私有地での伐採からB社への運搬を全て請け負う製材所もあるが、最大で製材所以外に4つのステークホルダー(伐採業者、伐採地から製材所への運搬業者、仲買人、製材所からB社への運搬業者)が介在することになり、多くの中間費用が発生していた。

B社は原木の供給ポテンシャルを高めるため、2004年に軍用地および用益権が付与されている農園用地において、2005年からは林業公社が管理する国有林において契約造林による植栽を開始した。2006年からは、これまで国有地のみで行ってきた契約造林を私有地や村有地においても開始した。2008年の契約面積は、それぞれ私有地6,323.3 ha、軍用地235.4 ha、農園用地93.8 ha、および国有林903.0 haの計7,555.5 haであり、私有地が大部分(83.7 %)を占めていた。

私有地における契約造林では、B社から肥料とともにモルッカネムの苗木が契約世帯に配布される。配布される苗木の数は、未利用地の場合2 × 3 mの植栽間隔を基本とした1,650本/ha、すでに何らかの利用がなされている土地に対しては既存の植生の間に植栽されることを想定し、1,000本/ha以下である。B社は苗木の他に肥料の供与と植栽技術の伝達を行う。一方農民は、植栽・施肥・保育・除草等の労働を担うことになる。B社との間で交わされた契約書によると、伐期は最短で5年で、伐採された原木は必ずB社に売らなければならず、他社に販売するなどの違反があった場合は、まず示談を行い、それでも解決しない場合は裁判になることが定められている。

B社は契約造林を展開する一番の目的を木材資源の総量の増加と木材の安定的確保としている。原木価格は2008年時点では上昇傾向にあり、今後年率10 %で上昇を続けるという見通しをB社は立てている。具体的には、私有地における契約造林は材の安定供給の強化の役割を担い、将来的には約23万m^3/年の原料を調達することができるとB社は試算している。これは、B社の最大原木消費量の約20万m^3/年を越え、原料不足の解消に貢献するだけではなく、自らの契約造林地からの供給だけで、原木の全てを調達できる計算である。

さらにB社は、非契約下において数多く関与していたステークホルダーを介在させず、B社と提携を結ぶ製材所に伐採、運搬を全て担わせることで、流通過程における中間費用の削減にも期待していた。これによって、より安価な原木の調達が可能となる(図4-3　左側の契約造林)。製材所が農民から原木を購入する際、苗木代等のコストを際し引いた価格で購入され、市場価格の75％が契約農民に支払われる。

B社にとって安定的な木材供給をもたらすと考えられる契約造林であるが、農民にとって契約造林はどのような意味をもつのか。一般的に考えられるメリットとしては、農民が将来的に原木を販売する際に販売価格から苗木代が差し引かれるとはいえ、植栽時には苗木という初期投資を苗木の配布という形でB社が肩代わりすること、販路が確定していること、多数介在した仲買人等への支払いがなくなり中間費用が削減され、原木販売価格が上昇すること、となる(表4-7)。一方、デメリットとしては樹木を植栽することによる耕作面積の減少、販路の確定と矛盾するが、販路の限定、つまり供給過多の際に農民は自由に販売先を選べず、伐採時期の決定権がB社にあることが挙げられる。

農民による契約造林においては、「3年目以降の収入」と「木材の横取り」が将来的な問題となってくる[58)]。林業公社が植林しているチークは50年以上であるのに較べ、モルッカネムの伐期は5～7年と短いが、それでも農地に植林した場合は、土地をめぐり農作物との競合が生じる。1～2年目は農業間作で凌

表4-7　ステークホルダー別にみた契約造林を実施するメリット・デメリット

		メリット		デメリット	
		B社	契約造林世帯	B社	契約造林世帯
	主目的	安定的な木材供給		–	
植栽時	初期投資(苗木等)	–	不要	回収不能な場合に負担	–
	土地	–		–	耕作面積減少
生産時	伐採時期	決定権あり	–	–	B社次第
	買取・販売価格	決定権あり	–	–	B社次第
	中間費用	削減		–	
	供給過多の際	立木のままストック	–	–	他社への販売不可

資料：表4-2と同じ

げるとしても、3年目以降をどうするか、という問題が懸念される。3年を過ぎても、ウコンやショウガなどの被陰樹を必要とする換金作物を育てることはできるが、植栽を行った農民が一斉に換金作物栽培を拡大すると、局地的な価格の下落を引き起こしかねない。また、困窮した農民が5年目を待たずに植林木を伐採、販売することも危惧される。B社は林業公社が同様の危惧を持って造成しようと計画しているウコンやショウガの流通経路に便乗することや日本向け輸出作物としてコンニャク生産を検討している。

また、B社は、同社が植栽用苗木を提供した農民から木材を買い取ろうとする企業がいることに頭を悩ませている。そのような企業は苗木等の初期投資を負担していない分、B社より高く買い取りができることになる。前述のように、農民との間で取り交わされる契約では、B社以外への販売や5年以内の伐採が禁止されてはいるが、前述の3年目問題による困窮が原因であった場合、仮に違約金を請求されても対応できない。この横取り企業に対する政府による規制は、2008年時点では設けられていないが、B社は県森林局に条例の制定を依頼している。

(5) 契約造林に対する地域住民の反応

B社に原木を供給する農民による非契約下の林業活動においては、岩永(2012a)で事例とされているC集落の農民はB社の木材買取価格に敏感に反応し、伐採や植栽を行っていた。しかし、その敏感な反応は買取価格が上昇した翌年に資源貯蓄量の減少を引き起こし、生産が減少するという事態をまねいていた。村・集落としては一定の資源量があるといえるが、農民は集合体として行動しているわけではないため、供給のコントロールが難しい。一方で、建材として使用することを意図して植栽する世帯の世帯主平均年齢が高いのに対して、比較的若い世帯が定期的な収入や貯蓄を意図して植栽を行っていた。このように、供給コントロールがなされてはいないが、若い世帯による木材生産に対する意識の高まりが見られるC集落において、契約造林はB社への木材供給を安定させるための適切な方策であると言える。

契約造林は確かにB社にとっての重要な木材供給源となる。農民にとっても、初期投資が必要となる苗木代や植栽する土地がない場合にはプラスのインセンティブとなる。また、木材の需要に比べて供給のほうが多い状態であれば、販路が決まっていて一定の販売量が見込まれることは契約および植栽のインセンティブとなる[59)]。しかし、契約造林を行っている世帯は所有面積において高い値を示しており、C集落において農作物との競合を心配するほどの植栽地の狭さは感じられない。また、木材加工企業が競って原料を調達しているという状況から、供給不足であることが見て取れるため、むしろ販路が決まっていることで他社に販売することもできず、インセンティブとはならない。さらに、伐採時期がB社によって決定されるため、売りたくても伐採できないという状況が生まれることも想定される上に、非契約下における集落全体の伐採理由の約4分の1が土地・家、薬の購入や学費、結婚式代の支払いとして必要なときに伐採を行っていることを考慮すると、伐採時期の限定は足かせとなってしまう。したがって、農民にとっての契約造林のメリットは中間費用削減によって上昇すると考えられるB社の木材買い取り価格とB社による苗木代等の初期投資の肩代わりであり、このことを考えている農民は、木材生産をセーフティーネットとしてではなく、定期的な収入源になると見込んでいる農民であると言える。

契約造林世帯の相対的位置づけを見ると、契約造林世帯の世帯主の年齢が集落平均に比べて高くなっていた。また、土地所有面積が非契約世帯に比べて大きく、集落平均の3倍以上の面積を所有していた。また植栽・伐採を実施したことがある世帯の割合も高くなった。一方で、非契約で収入を目的として植栽を行っている世帯は比較的若い世帯であった。この相違は、ライフサイクルにおいて、若い世帯はまだ相続を受けていない場合が多いために所有面積が小さいという要因から、契約造林に参加することができなかったために生じたと考えられる。

非契約で木材生産もしくは植樹を行っていた世帯は、行っていなかった世帯に比べて世帯主年齢、農外収入、農業収入、土地所有面積において高い値を示している。農外収入以外の値が示す傾向は、契約造林世帯と同じであり、このことからも農外収入の大小が苗木代を確保できるかどうかを規定し、確保できない世帯は契約造林によって苗木代という初期投資を肩代わりさせて植栽を行っていると考えられる。

続いて、土地利用に注目すると、私有地において契約造林を行った世帯の間作による農業産出額の割合が低くなっていた。「1. (3)ジャワ島の私有地および私有林に関する研究」で示したように、多くの土地なし農民が存在することからもジャワ島における零細農民にとっての耕作地の稀少性は高い。その耕作地において、0.4％という低い割合でしか間作が行われていないということは、木材生産に特化した場所であるという認識を持っており、林業が今後の収入源のひとつとなると考えていることがうかがえる。また、非利用地や農地であった場所が森林へと転換されていたことから、契約造林が軌道に乗ると、農耕不適地への植樹が進む可能性を示唆している。

3. おわりに

(1) ポスト天然林時代における私有林の位置づけ

インドネシアの私有林は、ジャワ島に偏在しており、その大部分は長い年月をかけて形成された自主植林による森林と近年の政府の大規模な植林政策によるものであった。政府主導の植林プログラムはその実施過程において多くの問題を抱えていたことが先行研究によって示されてはいるが、林業大臣規則が制定されたことを鑑みるに、天然林を中心とする国有林の著しい減少の影響から、木材供給源としての私有林の重要性が高まっていることがうかがえる。

天然林時代においては木材の供給源であった国有林、特に天然林における激しい森林減少およびジャワ島における私有林の増加という森林動態の影響を受け、経済成長および人口増加が起きているジャワ島の木材加工産業の資源調達戦略は、ポスト天然林時代においては多様でありかつ変化を続けていた。「3.ジャワ島における木材加工産業の原木調達戦略」において示したジャワ島の大規模工場の原木調達先の変化からは、アメリカやカナダなどの先進国からの木材輸入や、外島の天然林から産出されてきたメランティの代替樹種としてムルバウの台頭、国有林材を使用する工場の減少と私有林材および輸入材を使用する工場の増加が明らかになった。特に私有林材は調査対象工場の中で最も多く使用されており、その中でもモルッカネムは4分の1以上の工場で使用されていた。

この私有林材を使用している企業の中で、以前は他の調達先から原木を調達していた木材加工企業B社はカリマンタン材やマツといった国有林由来の原木の供給の減少を受け、その都度原木調達地を変更し、私有林材に辿り着いた企業であった。しかし、私有林材を扱う企業間での競争が激化し、私有林からの原木はもはや簡便に入手できるものではなくなった。その対策として、契約造林という生産の方法をとって次の段階へと移行した。同時に、地域住民にとっては、私有林はセーフティーネットとしての役割だけでなく、定期的な収入源のための木材生産を行う場へと変化しつつもある。

天然林の減少だけではなく、2005～2010年の6.4％の年平均GDP成長と1.6％の人口増加の影響も受け、ポスト天然林時代におけるジャワ島では、私有林材需要の高まりとそれに伴う私有林政策の拡充、そして私有林材の供給不足とそれに伴う木材価格の上昇が起きていた。面積を見ると私有林は国有林に比べて圧倒的に狭い(国有林：私有林＝91：9)。したがって、私有林材を使用する工場数の割には、その生産量のシェアは低いと考えられ、「ポスト天然林時代＝私有林時代」では必ずしもない。しかし、今後人口増とともに拡大すると考えられるジャワ島の木材需要、容易には止まらない国有林の減少および森林保全による国有林材生産の規制という予測されうる要因によって、木材は高価格を維持し、私有林材のシェアは増加していくと考えられる。

(2) 農民による契約造林の成立条件

東南アジアで見られる契約造林では投資の形態はとられておらず、木材加工企業と農民の契約による造林の事例が報告されている。タイにおいては、数多くの林業普及政策が実施されたが、その中で森林の維持、保全、回復、造林の推進に最も成果を収めているのは私有地における造林であり、その成功の要因は、土地所有権が保障されていることと一定の収益があることであるとされている[60,61]。この私有地における造林は、1990年に紙パルプ産業などの林産業向け原料の安定確保を目的に開始され、その主体は木材加工企業と農民という非政府セクターであった。農民側の利点として確かな現金収入となっていることが挙げられている反面、単作に集約せざるを得ないため、低価格に固定されてしまうことや収穫率と市場価格の低下というリスクを伴ってもいた。そして、木材生産農民の組織化や短期・長期的に助成する仕組みが必要であるということも提言されている。また、タイの住民による小規模造林の事例からは、利用している土地の所有権が確定しており、住民はその土地における最も収益の高い利用方法を選択した結果、ユーカリの造林が行われていることが明らかにされており、ユーカリ造林はあくまで土地利用方法のひとつであることがわかる[62)]。

インドネシアに関しては、スマトラ島およびカリマンタン島における調査から、農民の土地所有形態ごとに3つの契約造林の事例が取り上げられている[63)]。その3つとは、1)国有林内のコンセッションがある土地においてその国有林内に居住する農民を巻き込んで造林を行うタイプ、2)国有林内のコンセッションがある土地において国有林外に居住する農民が造林を行うタイプ、そして3)農民の土地(私有地)において農民が造林を行うタイプである。この全てのタイプにおいて農民の契約理由の中で最も多かったのが、使われていない所有地もしくは利用権を主張している土地を有効に活用するためというものであった。つまり、ジャワ島の契約造林で言われている木材の販売先が確定しているという販売までを見越したメリットとは異なり、土地に由来する実施動機であるということができ、ジャワ島と外島の土地保有状況の違いが反映されている。

本章で取り扱った事例においては、非契約、すなわち一般的な私有林材生産の成立条件は、木材の価格が高いこと、土地所有面積が大きいこと、そして苗木代を支払うことができる資本力(ここでは農外収入)であると言うことができる。また、効率的な木材生産を行える契約造林が成立する条件は、契約造林を実施する企業の存在は当然として、企業からの苗木の配布、植栽地が私有地であること、そして一般的な私有林材生産の条件と同様、木材価格が高い状態であることと土地所有面積が大きいことである。

私有林材生産の興隆および木材価格の上昇が起きているジャワ島において、契約造林という原木調達・確保の方法は、今後のジャワ島林業の原木調達の新しい選択肢となった。一方で集落レベルでは、従来の非契約による小規模な木材生産において農民はB社の需要に対して敏感な反応を示していたが、その供給コントロールが難しく、契約造林というシステムはその供給のコントロールを行うとともに特に私有地からの安定的な木材生産を提供すると期待できる。しかし同時に、比較的広い土地を所有する世帯が契約造林を行っているという傾向を鑑みるに、今後、これまで契約造林を実施してこなかった比較的土地所有面積が小さい世帯から契約造林を実施する世帯が大量に現れ、契約造林が一気に面積的、量的な拡大を見せる可能性は低いと考えられる。ジャワ島の私有地においては、その土地所有権の絶対性ゆえに、いつかその土地から追い出されるのではないかという不安を感じることなしに安心して植樹をすることができる一方で、土地の稀少性ゆえに造林を実施するためのまとまった土地を確保することができず、木材生産に特化した私有林の利用を行うことができる農民の数は少ない。すなわち、ジャワ島の所有権の強さおよび土地の狭さが造林に大きく影響を与えていると言うことができる。

この私有林における木材生産、そして契約造林には解決すべき課題も多い。採取林業から育成林業へと転換するタイの林業における私有林(農家林)の位置づけをタイ東北部のユーカリ植栽の事例研究では、インドネシアにおける農民による契約造林の将来を考える上で示唆に富んだマクロ的な課題が提示されている[64)]。それは、原料を確保する工場側が農家林業に頼る状況では、自社林を持つ他国の企業に比べて原料基盤が弱いため、生産規模を十分に拡大できないという弱みがあることである。インドネシアにおいては、私有林の面積は国有林に比べて圧倒的に小さい。そのため、規模の経済が働かないことや各土地所有者の所有面積が小さいことなど、国有林に比べて木材生産に際しての足かせも多い。したがって、今後、インドネシアの木材供給地が私有林へと移行していくとするならば、まさにこの点が問題となってくる。

契約造林に関して、タイおよびインドネシアの事例においては、投資者が木材の購入者である木材加工企業にあたり、住民・農民が土地所有者および造林請負業者の役割を果たす。純粋な投資者というステークホルダーが存在しない点で仕組みが簡素であるが、その分、各ステークホルダーが抱えるリスクも大きい。また、市場の価格に敏感に反応するために木材価格の変動が激しく、それに伴って供給量が過多になる。一方、例えばニュージーランドのような先進国の事例を見ると、供給および資金の規模が東南アジアの事例に比べて大きく、また投資者、土地所有者にとっての選択肢が数多く存在し、ビジネスとして成立していた[65)]。途上国の事例が将来的に向かうべき方向であると考えられるが、金融市場および投資の法制度の未整備や住民が瞬間的に土地利用を変更するための資本が乏しいことなど、解決すべき障害は多い。

また、政府の役割に関しても多くの課題が見られる。天然林時代においては、本来なら森林を持続的に管理し、維持していく立場である政府が、伐採事業権の発給を掌握することで木材市場に介入し、それが著しい森林減少の一因ともなっていた[66)]。一方で、ポスト天然林時代において、政府は2014年から木材産業による天然林材利用を全面的に停止する計画を立てたり[67)]、森林を他用途に転換する許可の発行を延期したりと森林減少を食い止めるべく、規制に乗り出している。しかし、これまでのところ、森林減少を止めるに至ってはいないことは明白である。また、木材加工企業と地域住民によって生み出された市場原理に則った契約造林という方法が促進される中、私有地および私有林に対する政府の役割は、植林プログラムを主導することや木材加工企業と地域住民の間でコーディネーターを務めるのみであり、その効果に対しては否定的な評価がされている[68)]。

さらに、契約造林の農民にとってのメリット・デメリットをみると、伐採時期および木材買取価格の決定権が木材加工企業にあることから、これまでも言及されてきた、農民側が企業に安い価格で木材を買いたたかれるという状況も予想される[69)]。したがって、現状のまま収穫を迎え、収穫を繰り返すならば農民はそのデメリットに気づき、やがて契約造林を実施しようという農民が減っていく可能性が大きい。途上国の住民による木材生産においては、企業との対等な関係の構築および発言力を強化するために生産グループの組織化等の制度や方針策定の支援をする必要があり、同時に中立な立場からの政府による監視が必要であろう。それを行うことができる政府の役割、そして政府が抱える課題はいまだに大きいと言える。

（岩永青史）

参考文献等

1）ギアツ，クリフォード（著），池本幸生（訳）（2001）インボリューション：内に向かう発展．NTT出版．

2）Thee, K, W.(2009) The Indonesia wood products industry. *Journal of Asia Pacific Economy* 14(2), pp.138–149.

3）Guritno, A. D., Murao, K.(1999) The Obsevation of log export banning policy in Indonesia: Conditions, problems, and alternative solutions. *Journal of Forest*

Research (4), pp.79-85.

4) Fenton, R. (1996) The Indonesian plywood industry: A study of the statistical base, the value-added effects and the forest impact. *Field report series* (29), Institute of Southeast Asian Studies, 107pp.

5) IMF (2019) World economic outlook database. http://www.imf.org/external/index.htm. (2019年2月4日閲覧)

6) 金 才賢(1997)インドネシアにおける森林開発資本の展開と課題．筑波大学農林社会経済研究(14)，1-39頁．

7) Iwanaga, S., Masuda, M. (2013) Shift in raw materials for the wood processing industry in Java Island, Indonesia: A perspective from the post natural forest era. *Tropics* 22 (3), pp.119-129.

8) 井上 真(1994)インドネシアにおける森林利用と経済発展．永田 信，井上 真，岡 裕泰著，森林資源の利用と再生：経済の論理と自然の論理，農山漁村文化協会，92-145頁．

9) 荒谷明日兒(1998)インドネシア合板産業：その発展と世界パネル産業の今後．日本林業調査会．

10) JOFCA (2000) 開発途上国の森林・林業．JOFCA．

11) 立花 敏(2000)東南アジアの木材産出地域における森林開発と木材輸出規制政策．地域政策研究3(1)，49-71頁．

12) Guritno, A. D., Murao, K. (2001) Deforestation issues related to continued forest industrialization in Indonesia: With special reference to supply and demand of raw materials. *Tropics* 10 (4), pp.609-623.

13) Ichwandi, I., Shinohara, T., Darusman, D. (2004) Studies on the characteristics of the Indonesian timber markets and governmental policies to promote a high export of forest resources. *The Science Bulletin of the Faculty of Agriculture, University of the Ryukyus* (51), pp.33-41.

14) Asia Forest Network (2004) *Communities transforming forestlands Java, Indonesia.* Asia Forest Network.

15) 前掲7)．

16) 岩永青史・増田美砂(2012a)インドネシアにおける私有林政策と資源の現状：南スラウェシ州タナ・トラジャ県の事例．筑波大学農林技術センター演習林報告(28)，101-112頁．

17) Keputusan Menteri Kehutanan Nomor 49/Kpts-II/1997 tentang Pendanaan dan usaha hutan rakyat.

18) 岩永青史(2016)農家林業による私有林における木材生産の持続可能性：西ジャワ州

タシクマラヤ県の事例．林業経済研究62(1)，75-83頁．

19) Undang-Undang Republik Indonesia Nomor 5 1960 tentang Peraturan dasar pokok-pokok agraria.

20) 水野広祐(1988)インドネシアの土地所有権と1960年農地基本法：インドネシアの土地制度とその問題点．国際農林業協力10(4)，54-71頁．

21) Peraturan Menteri Kehutanan Nomor P.26/Menhut-II/2005 tentang Pedoman pemanfaatan hutan hak.

22) 前掲16)．

23) Peraturan Menteri Kehutanan Nomor P.51/Menhut-II/2006 tentang Penggunaan Surat Keterangan Asal Usul (SKAU) untuk pengangkutan hasil hutan kayu yang berasal dari hutan hak.

24) Peraturan Menteri Kehutanan Nomor P.33/Menhut-II/2007 tentang Perubahan Kedua Atas Peraturan Menteri Kehutanan Nomor P.51/Menhut-II/2006 tentang Penggunaan Surat Keterangan Asal Usul (SKAU) untuk pengangkutan hasil hutan kayu yang berasal dari hutan hak.

25) Peraturan Menteri Kehutanan Nomor P.55/Menhut-II/2006 tentang Penatausahaan hasil hutan yang berasal dari hutan negara.

26) Peraturan Menteri Kehutanan Nomor P.30/Menhut-II/2012 tentang Penatausahaan Hasil Hutan yang Berasal dari Hutan Hak.

27) 加納啓良(1979)パグララン：東部ジャワ農村の富と貧困．アジア経済研究所．

28) 加納啓良(1981)サワハン：「開発」体制下の中部ジャワ農村．アジア経済研究所．

29) 前掲18)．

30) Ichwandi, I., Shinohara, T., Darusman, D., Nakama, Y.(2005) Characteristics of private forest management in Java, Indonesia: Two case studies, *Journal of Forest Economics* 51(2), pp.1-12.

31) Ichwandi, I., Darusman, D., Nakama, Y.(2007) The characteristics of private forest management in Wonogiri District, Central Java, Indonesia and it's contribution to farm household income and village economy. *Tropics* 16(2), pp.103-114.

32) 及川洋征(1997)ジャワ島の混合樹園地(Mixed garden)における農家による用材生産：モルッカネムの事例．林業経済研究43(2)，45-50頁．

33) Ulfah, J. S., Rachmi, A., Massijaya, M. Y., Ishibashi, N., Ando, K.(2007) Economic analysis of sengon (*Paraserianthes falcataria*) community forest plantation, a fast growing species in East Java, Indonesia. *Forest Policy and Economics*(9), pp.822-829.

34) Departemen Kehutanan(1999) *Buku potensi hutan rakyat*. Departemen Kehutanan.

35) Departemen Kehutanan(2004)*Data potensi hutan rakyat*. Departemen Kehutanan.
36) Murniati., Nawir, A. A., Rumboko, L., Gumartini, T.(2007)The historical national overview and characteristics of rehabilitation initiatives. In: Nawir A. A., Murniati, Rumboko L.(Eds.)*Forest rehabilitation in Indonesia: Where to after more than three decades?* CIFOR, pp.75-111.
37) 前掲36).
38) Departemen Kehutanan(2003)*Petunjuk pelaksanaan GN-RHL tahun 2003*. Departemen Kehutanan.
39) Departemen Kehutanan(1997)*Kredit usaha hutan rakyat*. Pusat Penyuluhan Kehutanan.
40) Nawir A.(2000)*Overview of small-scale falcata plantation developed by spontaneous tree growers in Wonosobo District, Central Java*. CIFOR, Jakarta.
41) 齋藤哲也・井上 真(2003)熱帯植林と地域住民との共存．依光良三編，破壊から再生へ：アジアの森から，日本経済評論社，21-66頁．
42) 宮永 薫・Soekmadi, R.・増田美砂(2007)インドネシアの民有地における植林プログラムの実施プロセス:西ジャワ州チアンジュール県の事例にみる制度と実態．筑波大学農林技術センター演習林報告(23)，39-58頁．
43) 岩永青史・志賀 薫・エリン カタリナ ダマヤンティ・増田美砂(2009)インドネシアの政府主導の植林プログラムにおける農民の選択と成林の可能性：中ジャワ州ウォノギリ県の事例．林業経済研究55(2)，1-9頁．
44) Keputusan Menteri Kehutanan Nomor 369/Kpts-V/2003 Petunjuk pelaksanaan GN-RHL tahun 2003.
45) 前掲43).
46) 前掲38).
47) BPS(2004a)*Luas lahan menurut penggunaannya di Indonesia 2004*. BPS.
48) BPS(2004b)*Statistik Indonesia 2004*. BPS.
49) Departemen Kehutanan(2007a)*Pedoman pembangunan model hutan rakyat kemitraan*. Direktorat Jenderal Rehabilitasi Lahan dan Perhutanan Sosial.
50) Departemen Kehutanan(2007b)*Fokus pengembangan hutan rakyat kemitraan secara umum*. Departemen Kehutanan.
51) Keputusan Menteri Kehutanan Nomor SK.421/Menhut-II/2006 Fokus-fokus kegiatan pembangunan kehutanan Menteri Kehutanan.
52) Peraturan Menteri Kehutanan Nomor P.54/Menhut-II/2008 Rencana kerja kementerian / lembaga (RENJA-KL) Departemen Kehutanan tahun 2009.
53) Peraturan Menteri Kehutanan Nomor P.49/Menhut-II/2010 Rencana kerja

(RENJA) kementerian kehutanan tahun 2011.
54) 規模は従業員数で区切られ，100名以上が大規模，20名以上100名未満が中規模，20名未満が小規模となっている．
55) 岩永青史(2012b)ポスト天然林時代におけるジャワ島の木材加工産業の資源戦略と私有林の役割．博士(農学)学位論文，筑波大学．本節の大部分はこの論文に依拠している．
56) Keputusan Menteri Kehutanan Nomor: 195/Kpts-II/2003 tentang Penunjukan Kawasan Hutan di Wilayah Propinsi Jawa Barat Seluas ± 816.603Hektar.
57) 岩永青史(2012a)木材加工企業による契約造林が農民に及ぼす影響：インドネシア・西ジャワ州タシクマラヤ県の事例．林業経済研究58(2)，14-22頁．
58) 岩永青史，増田美砂(2012b)ジャワ島における木材加工企業を中心とした住民林業経営確立への試み．海外の森林と林業(83)，42-47頁．
59) Nemoto, A.(2002)Farm tree planting and the wood industry in Indonesia: A study of falcataria plantations and the falcataria product market in Java. *IGES Policy Trend Report 2001/2002*, pp.42-51.
60) Makarabhirom, P., Akaha, T.(1996)Studies on the development of community forestry, agroforestry, and forestry extension in Thailand. *Bull. Tsukuba Univ. For.*(12), pp.31-55.
61) Makarabhirom, P., Mochida, H.(1999)A study on contract tree farming in Thailand. *Bull. Tsukuba Univ. For.*(15), pp.1-157.
62) Boulay, A., Tacconi, L., Kanowski, P.(2011)Drivers of adoption of eucalypt tree farming by smallholders in Thailand. *Agroforestry Systems*(84), pp.1-11.
63) Nawir, A. A., Santoso, L.(2005)Mutually beneficial company-community partnerships in plantation development: emerging lessons from Indonesia. *International Forestry Review* 7(3), pp.177-234.
64) 生方史数(2002)タイ東北部における農家林業の普及過程に関する研究．京都大学大学院農学研究科学位論文．
65) 立花 敏(2010)ニュージーランド．日本林業経営者協会編，世界の林業：欧米諸国の私有林経営，日本林業調査会，345-381頁．
66) Gillis, M.(1988)Indonesia: Public policies, resource management, and the tropical forest. In: Repetto, R., Gillis, M. (Eds.), *Public policies and the misuse of forest resources: A world resources institute book.* Cambridge University Press.
67) 島本美保子(2010)森林の持続可能性と国際貿易．岩波書店．
68) 前掲58)．
69) Harrison, S. R., Herbohn, J. L.(2001)Evolution of small-scale forestry in the tropics.

In: Harrison, S. R., Herbohn, J. L., Herbohn, K. F. (Eds.), *Sustainable farm forestry in the tropics*. Edward Elgar Publishing, Massachusetts, pp.3–8.

第5章　ニュージーランドにおける パートナーシップ造林

はじめに

ニュージーランド(以下、NZ)における人工林経営は、170万ha余りの人工林を対象に行われている。人工林面積の6割では1万ha以上の林地を所有する大企業による企業的な林業経営が行われており、それがNZ森林経営の特徴となっている。本章では、その中でも全体の数%と割合は小さいものの、個人でも比較的簡単に「森林所有者」になることができる「パートナーシップ造林」を行う林業投資会社の事業について取り上げる。典型的な「パートナーシップ造林」では、林業投資会社が造林地を確保した上で、事業に参加する投資家を募集し、投資家たちは「パートナーシップ」契約を結び森林(及び土地)所有者となり、事業の運営主体は林業投資会社が担い、森林管理や監査などは外部の会社が担当する分業制になっている。NZでは、1970年代から1990年代にかけてパートナーシップによる造林投資を行う複数の林業投資会社が設立され、現在も継続して事業を行っている。同事業では、パートナーシップによる不特定多数の投資家組織が構成されることで、土地を持たない個人でも数百ha規模の共同所有者として林業に参加できるスケールメリットがある。

2000年以降は、同様の形態の林業投資会社の数も減少し、1990年代のような新会社設立の動きは見られないものの、主要な林業投資会社は造林地を維持し、中には面積を拡大させているものもある。

本章では、1990年代に活発化したパートナーシップ造林を行うロジャーディッキー社の事例を中心に、事業の仕組み、運営方法などから2000年以降の動向までを分析した。

1. NZ人工林における林業投資会社の位置付け

(1) NZ人工林の概要

2015年時点におけるNZの土地利用は、天然林が約780万ha、人工林が約172万ha、牧草地及び耕作可能地が約1,080万ha、その他非森林地が約640万haとなっている。人工林の構成樹種は、ラジアータパインが約154万haで全体の92%を占め、ダグラスファーが約10万ha、その他針葉樹が約3万2,000ha、ユーカリが約2万3,000ha、その他外来広葉樹が1万3,000haとなっている。天然林は保全対象として商業的な伐採が原則として禁止されている[1]。

2015年の人工林伐採面積は4万9,896haとなっており、丸太生産量は約2,960万m^3で、伐期の平均は28.4年(2015年3月31日時点)である。NZでは1870年代に天然林伐採による資源枯渇の懸念が高まったことで人工林造成に着手し、これまでに3度の造林ブームがあった。直近の第3次造林ブームは1992年から1994年をピークに2002年頃まで続いた。その後、新規造林面積の拡大は停滞し、2012年が1万1,500ha、2013年が3,500ha、2014年が2,500haとなっている。一方、再造林面積は2000年以降、4万ha前後で推移している(図5-1)[2,3]。

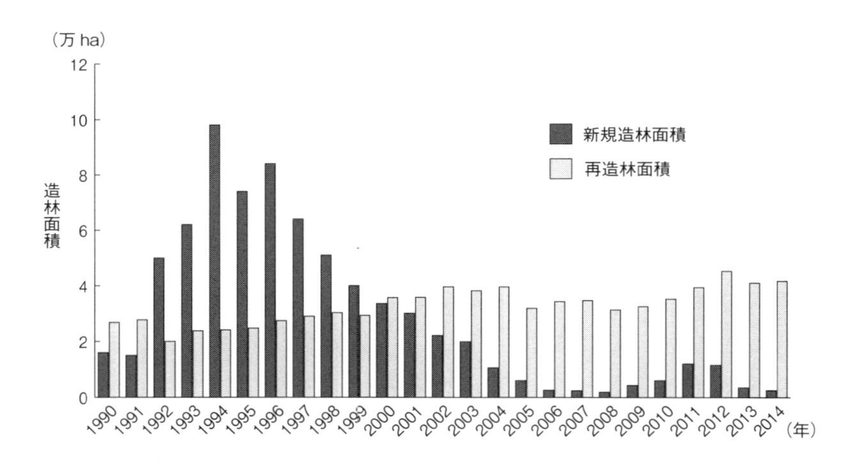

図5-1　NZ人工林の新規造林面積と再造林面積の推移
資料：New Zealand Plantation Forest Industry Facts & Figures、NZ Statistics

(2) 第3次造林ブームにおけるパートナーシップ造林

NZでは、1919年に始まる第1次造林ブームから現在に至るまでに合計で3回の造林ブームがあった。世界的な木材需要の高まりに対する期待から、1992年から1993年にかけて起こった木材価格の高騰を契機とした第3次造林ブームでは、個人投資家や土地所有者らがその主体となった。特に、「造林会社による『パートナーシップ造林』が主要な造林方法」として大きな役割を果たした[4)]。林業投資会社(造林会社)によるパートナーシップ造林の事業の流れとしては、始めに林業投資会社が造林地を用意し、目論見書を作成して投資家を募集する。募集に応じた投資家は林業投資会社の計画に沿って持分で出資、伐採後に収益を持分で投資家に還元する。土地の所有形態については、パートナーシップ契約を結んだ投資家集団が土地所有者となる場合や、農家などの土地所有者が造林地となる土地を契約に基づいて事業に提供する場合など様々な形態がある[5)]。

第3次造林ブームの背景となったのは、1992～1993年に輸出用の原木価格が高騰したことに加えて、NZにおける老齢年金制度が変化し、年金の給付水準が平均賃金の80％から65％～72.5％に引き下げられて資産運用の必要性が高まったこと[6)]や、1991年の所得税法の改正により、林業へ投資した額の約7割が出資者の所得から控除される林業投資への優遇策、港湾の整備による輸出への期待、土地利用の制限緩和などの情報を個人投資家や農家林家が得たことなどが、造林投資が注目された主な要因と考えられる[7)]。

第3次造林ブームにおける新規植栽面積は、1991年の1万5,000 haから1992年には約5万haへと3倍以上に増加し、1994年には約9万8,000 haに達した。

第1次、第2次拡大造林の主体が国有林や林産会社であったのに対し、第3次造林ブームは、個人投資家や農家林家らによるパートナーシップが中心となった。中でも不特定多数の個人投資家を募集し、造林事業を展開した林業投資会社は新規造林地の拡大において大きな役割を果たした[8)]。

(3) 人工林の所有構造における林業投資会社

2015年現在のNZの人工林所有は、国有企業が0.6％、地方自治体が2.5％、中央政府が0.8％、私有が96％となっており、表5-1から人工林所有者の約6

表5-1 2001年(左)、2015年(右)の主な人工林所有者・管理者

所有者	面積(ha)	所有者	面積(ha)
カーターホルトハーベイ	315,000	ハンコック ナチュラル リソース グループ	219,000
セントラル ノースアイランド フォレスト	165,000	カインガロア ティンバランズ	175,740
フレッチャーチャレンジ フォレスツ	120,000	レオニア/マタリキ フォレスツ	115,287
レオニア ニュージーランド	100,000	P F オルセン	115,766
ウエアハウザー ニュージーランド	62,000	グローバル フォレスト パートナーズ LP	73,191
ジューケン ニッショー	54,000	アーンスロー ワン	113,159
アーンスロー ワン	53,000	クラウン フォレストリー(MPI)	17,081
クラウン フォレストリー	53,000	ジューケン ニュージーランド	32,299
パンパック フォレスト プロダクツ	31,000	パンパック フォレスト プロダクツ	34,436
ティンバランズ ウェストコースト	28,000	GMO リニューアブル リソーシズ	19,990
ヒクランギ フォレスト ファーム	26,000	ヒクランギ フォレスト ファーム	26,581
ウェニタ フォレスト プロダクツ	24,000	ウェニタ	25,210
フォレスト エンタープライジズ	21,000	ロジャーディッキー NZ	26,576
エバーグリーン フォレスツ	21,000	ブレイクリー パシフィック	24,837
ロジャーディッキー(NZ)	19,000	フォレス トエンタープライジズ	20,000
ブレイクリー パシフィック	19,000	シティー フォレスツ	16,469
ウィンストン パルプ インターナショナル	17,000	レイク タウポ フォレスト トラスト	18,726
シティー フォレスツ	14,000	サミット フォレスツ NZ	24,622
GSL キャピタル	11,000	ナイ・タフ フォレストエステート	25,950
その他(農家林家含む)	616,000	その他(10,000 ha以下)	644,150
総計	**1,769,000**	**総計**	**1,761,555**

資料：New Zealand Plantation Forest Industry Facts & Figures 2001/2015 Forest Owners Association

割は1万ha以上を所有する大企業で占められているのが特徴である。

NZでは2000年頃から、大手林産企業が林地投資経営組織(TIMO)などに人工林を売却するなど、大規模所有者構造に大きな変化が生じ、年金基金や機関投資家らよる所有割合が大きくなっている。表5-1において、ロジャーディッキー社、フォレストエンタープライジズ社は個人投資家を対象にパートナーシップなどによる林業投資を主要事業としている。2001年にはそれぞれ2万ha規模を管理している。その後、TIMOなどによる所有構造に大きな変化があったが、2015年においても、2万haと約2万5,000haを維持、管理している。

2. パートナーシップによる造林事業の経営形態と運営方法

(1) NZ企業形態と林業投資への参加方法

ニュージーランドにおける主な企業形態としては、会社(Companies)、自営(Sole Traders)、パートナーシップ(Partnership)の3つがある[9)]。NZにおいて個人が林業投資に参加する場合には、①個人所有、②非法人の林業ジョイントベンチャー、③パートナーシップ、④リミテッドパートナーシップ、⑤非公開会社、⑥非公開適格会社(Private Qualifying Companies)、⑦パートナーシップと非公開適格会社、⑧トラスト、⑨公開会社、⑩上場会社の株券所有など様々な参加方法に加え、経営権の範囲、土地所有の有無(投資家所有・借地・会社所有)などを組み合わせた多様な経営形態がある。林業投資会社が採用する林業投資事業への投資家の参加形態には、パートナーシップや林業ジョイントベンチャーとパートナーシップの組み合わせ、リミテッドパートナーシップなどが主な形として挙げられる[10)]。

林業ジョイントベンチャーは、林業権登記法(Forestry Right Registration Act 1983)のもと、投資家と土地所有者が林業ジョイントベンチャー契約を結び、土地所有者と投資家が共同経営体となる造林事業である。土地所有者が造林地を用意するため、投資家は土地を新たに取得する必要がない。投資家は、土地に係る整備費として新たに設置する作業道やフェンス等の整備についてのみ負担することで、測量費などの負担を回避することができる。既存の施設等の維持管理費は、土地所有者の負担が条件である。土地所有者は造林地を提供するだけでなく、造林事業における共同経営者の立場として参加することが特徴となっている[11)]。

土地所有者と投資家の出資額は契約上で決められ、通常、収入はそれぞれの持分割合によって決まる。家族や親族などによる林業ジョイントベンチャーはNZにおいて一般的であり、この制度を利用した林業投資会社による造林事業では、林業投資会社が土地所有者と投資家の仲介役となる形で、造林投資事業を企画、管理する。

パートナーシップは、仕組みが単純で分かり易く扱いやすい反面、持分の譲渡のしづらさや無限責任という点がデメリットになりうるとされる。リミテッドパートナーシップは、パートナーシップの無限責任を有限責任化した特例措置(スペシャルパートナーシップ)の廃止によって設立された(Limited Partnerships Act 2008)。同形態を取り入れている林業投資会社もある。

(2) パートナーシップを採用する林業投資会社

NZ北島には人工林の約7割が存在しており、パートナーシップによる造林投資事業を展開する数社の林業投資会社も北島に集中している。

林業投資会社の大手としてはロジャーディッキー社とフォレスト エンタープライジズ社の2社があり、同業種では実績・知名度も高い。両社はNZ北島において1970年代に設立され、2017年現在で約2万haと約3万haの森林を管理している。2社以外にも数千ha規模の造林事業を行う中小の林業投資会社として、北島に3社、南島に2社程度が存在する。

数千haの森林を管理する小規模な林業投資会社は、1992年から1993年の木材価格の高騰を契機に会社を設立または事業を拡大させており、会社の経営は2、3人程度の家族や親族によるものが多い。大手2社の場合、中心となる社員(パートタイマー含む)は10人程度である。林業投資会社による造林事業では、企画・運営は自社で行い、コンサルティング、監査、資金管理などは外部機関や他企業が担当するなど明確な役割分担がなされている。また、事業の企画・運営を担う林業投資会社と管理する森林は数百キロ離れていることも多く、現地の森林管理会社が枝打ちや間伐などの作業を担っている。

(3) 林業投資会社が企画する事業の関係者

林業投資会社の事業における役割は明確であり、大規模な林業投資プロジェクトでも、少なくとも5つの役割分担がなされている(図5-2)。それらは、①

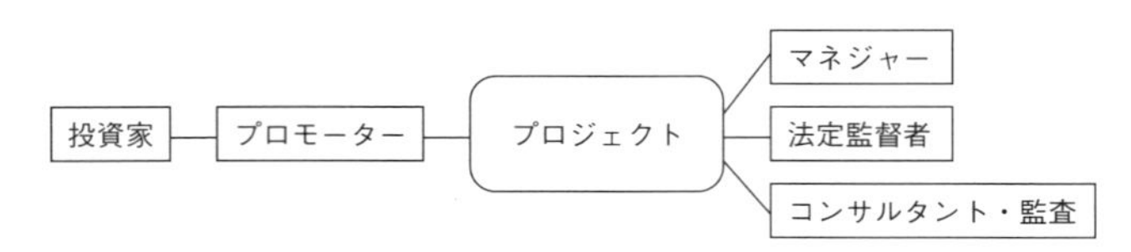

図5-2　林業投資事業における主要5者(ロジャーディッキー社資料より)

プロモーター(Promoter)、②投資家(Investor)、③マネジャー(Manager)、④コンサルタント・監査(Consultants／Audit)、⑤法定監督者(Statutory Supervisor)である。プロジェクトの利益での対立を避け、十分なモニタリングや責任は、これらの役割分担によって明確になっている。

主要5者の役割について、①プロモーターは、プロジェクトを促進するためのイニシャルリスクを取り、投資における仲介役である。パートナーシップ造林の経営者であり、事業の証券登録機関の役割を果たす。参加規約や信託規約を作成し、投資家と森林の管理者、法定監督者との間を取り持つ。パートナーシップによる造林事業の予算作成、保険、マーケティングと販売、投資家との連絡窓口、年会合開催の設定と通知、財務決済と支払い、事業の募集、財務統轄と問題報告、ニュースレターの発行などがある。プロモーターの報酬は、成功報酬として目論見書で記載される。②投資家は、計画に基づき、プロモーターからの呼びかけに応じて出資する。経営には直接的は参加せず、事業状況はプロモーターからのニュースレターや、コンサルタントや監査会社等による報告書によって知ることができる。年一回の会合では、森林の状態や決算報告を受け質問等を行うことができる。③マネジャーは通常、プロモーターによって、森林経営計画に従って作業するように組織され、森林管理を担当する。保険、防火対策、造林に際しての地方関係局との交渉、資源利用許可に関する手続き、資源管理法(the Resource Management Act 1991)への対応、林業経費作成、作業の安全対策、作業の計画、森林作業(植栽、枝打ち、間伐)、病虫害対策、現場のデータの記録など作業全般を担当する。④コンサルタントや監査は、林業コンサルタント会社によって行われ、その森林での経営の実行性を調査し、森林監査と評価を行う。⑤法定監督者(Statutory Supervisor)は、証券法(Securities Act 1978)と改正証券法(Securities Amendment Act 1996)のもとで公募される。法定監督者は通常、受託会社(Trustee Company)であり、投資家の利益のために動くこと、目論見書とパートナーシップ契約の参加規約が忠実に守られることなどが要求される。投資家からの資金を予算が承認されるまで保管する。投資家らの土地所有権を信託で預かる。投資事業をモニターする役割を持つ。

(4) 投資事業の開始から終了まで

林業投資会社による造林事業は、次のような流れが一般的である。造林地の候補地を牧草地などで探し、造林地の調査・評価、造林地の売買契約、事業計画・施業計画を立て、目論見書作成、募集(受付期間は半年程度)、事業の開始、委託会社等による森林管理、報告、入金、年一回の会合などがある。伐採後に収益を投資家に還元し、事業は終了する。その後、再造林し新たに投資家を募集する。パートナーシップを用いた造林事業における会社間の関係を図5-3に示した。林業投資会社の経営から個々のパートナーシップによる造林事業は独立しており、林業投資会社はパートナーシップ(投資家)と委託会社の窓口的な役割を果たす。事業の資金は独立した第三者によって管理されており、財務、森林管理などの報告書が作成され、外部の承認を得ることで資金が使われている[12)]。

個人投資家によるパートナーシップ造林への参加には、事業開始までの募集(半年～1年間)と二次市場(Secondary Market)の2つがある。二次市場では、植栽から伐採までの途中で投資家が所有する権利を売却することができる。例えば、パートナーシップの場合は、権利を売却したい投資家は、林業投資会社によって同一の森林区画内のパートナー(投資家)に売買情報が告知され、同区画内で取引が行われなかった場合は林業投資会社が管理する他の区画のパートナー、そして公開へと販売対象を広げて投資家を募る。林業投資会社の各社

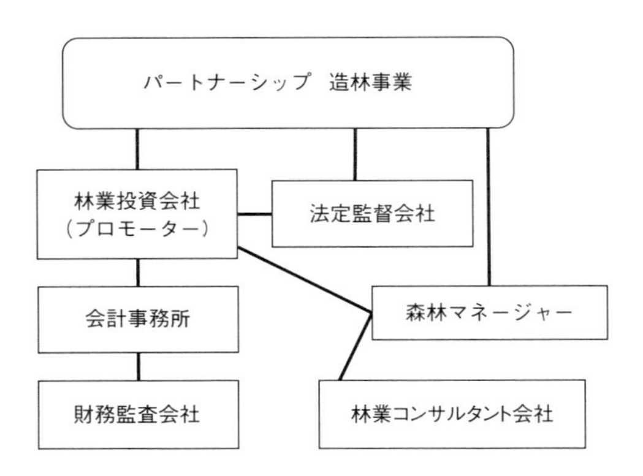

図5-3　林業投資会社と外部委託会社との関係
資料：ロジャーディッキー社の目論見書等

ホームページ上には、投資口の売却情報が一般公開されている[13)]。

(5) 事業における費用項目と税制優遇策

1990年代半ばから2000年頃にかけて企画された林業投資会社によるパートナーシップ造林の1事業(森林1区画)当たりの面積は約200～300 ha、一口(haに換算)当たりの出資総額は1万NZドル前後で、期待される収益は、5万NZドルから6万NZドルが平均的な値だった。これは、目論見書作成時に、林業コンサルタントが出した予測額である。

事業計画における費用項目を表5-2にまとめた。主要な森林作業は植栽から10年間に集中しており年毎の出資額もそれに連動する場合が多い(または一括で出資する場合もある)。約10年が経過した後の主要な費用は、維持・運営費のみとなり、出資額も少額になる。

林業投資会社による植栽から開始するパートナーシップ造林では、基本的に投資家は収穫までに出資するのみで配当はない。約30年間に配当がないというデメリットへの対策となったのが林業投資における税制優遇策である。

1991年よりNZでは林業に対する投資を促進させるため、林業投資を優遇する課税方式を採用した。この課税方式により、林業に投資する上で、植栽、育林、維持管理にかかった費用は、費用の発生項目に関わらず、投資家が出資した分だけ所得税から控除が可能となった。また林道やフェンス設置等の、土地準備費用の減価償却による控除も可能となった。林業会社の株式保有の場合は、投資家には税制上の利益はないが、個人やパートナーシップ等共同で林業に投

表5-2 造林投資事業における費用項目

	費用項目
事業設立費	法律・監査費、法定監督費、登録料、仲介費、コンサルタント報告、造林計画、報告書作成、目論見書、印刷、法律関係
初期費用	土地購入、測量、地拵え、作業道改修
造林費	苗木、植栽、除草、枝打ち(1～3回)、間伐、病虫害対策、インベントリ、監査
維持・運営費	メンテナンス、森林管理、運営、保険、ローン利子、法定監督、会計、監査

資料：林業投資会社の投資案内書

資した場合に、その出資額の約6割～7割が所得税に対し控除可能となる。土地の購入費等の事業開始前の準備費用は対象外だが、地拵えから伐採までは、主要な作業については控除可能となっている。控除対象期間は、土地準備と植栽が初年度、森林管理が初年度から30年まで、木材販売が5年から30年までとなっている。土地準備費や土地・森林買収に係る費用は控除対象ではない[14)]。

(6) ニュージーランド林業協会による林業投資についての基準

1999年にNZ林業協会(New Zealand Institute of Forestry：NZIF)は、同協会に登録する林業コンサルタントや同協会の登録会員、会員、林業投資のプロモーターや投資を考える一般の人々に対し、「林業投資情報基準」(Forestry investment information standard：FIIS)を4頁にまとめて公表した。これは、NZIFのプロフェッショナルブック(1999)の一部となり、林業への投資を考える読者に対して、追加的に読むように推奨している。

林業投資において、コンサルタントやアドバイザー、林業投資のプロモーターにとって最も重要な法律は、証券法(1978)と改正証券法(1996)、ディスクロジャー法(Investment Advisers(Disclosure)Act 1996)、フェアトレーディング法(Fair Trading Act 1996)、贈収賄防止に関する法律であるシークレットコミッションズ法(Secret Commissions Act 1910)となる。これらの中でも、林業投資会社によるパートナーシップを用いた造林事業に、不特定多数の投資家が参加することができるようになったのは、証券法(1978)と改正証券法(1996)の制定が大きい。これらの法律が、一般人に対する証券取得の申し出(募集)を規制しているが、林業投資における引き続きの証券販売や、投資事業開始後に権利を売買する二次市場(Secondary Market)には通常適用されない。林業投資への全ての募集と関係者(企業、パートナーシップ、ユニットトラスト、債券発行、退職年金スキーム等)の証券の定義はこの法律のもとに置かれる。

林業投資会社が公開する情報は、①目論見書(Prospectus)、②投資宣誓書(investment statement)、③宣伝(advertisement)の3つがある。①目論見書は、会社登記官(Register of Companies)によって登録されなければならない。しかし、目論見書はすべての潜在的な投資家に提供する必要はなく、リクエストがあれば提供できる。②投資宣誓書は、すべての投資希望者に提供されなければならない。この規制では投資宣誓書が「慎重で専門的でない投資家」によって使われる「簡潔な」分かり易い英語であることを要求している。[15)]

(7) 林業投資事業における目論見書の作成

林業投資事業における目論見書は、専門家による報告書などで構成されている。目論見書に含まれる専門家によるレターやレポートを提供する林産業のコンサルタントや専門家は、彼らのレポートにおいて不正確さや誤解を招きやすい説明がないようにすべきであるとしている。法律では、配布された目論見書や投資宣誓書、宣伝において民事責任を課している。

NZIFによる「林業投資情報基準」は目論見書情報について、NZIF登録林業コンサルタント、登録会員、NZIFメンバーによって用意されるすべての林業目論見書、投資文書、同様の文書に少なくとも含むべき下記の情報を提示している。情報は次の5つとなり、①事業構造(project structure)、②土地情報(land information)、③施業情報(silvicultural regime information)、④財務情報(financial information)、⑤収穫物による収益(crop revenue)である。

ロジャーディッキー社の目論見書の記載事項を見ると、事業の概要(造林地の概要、予測収益、毎年の出資額、所得税からの控除、風害・火災保険加入など)、プロモーターの紹介、事業計画、経営構造、パートナーシップの構造、林業コンサルタントによる木材製品市場の解説、参加契約、信託契約などがあり、造林地の鑑定書、マネジャーやコンサルタントの報告書、図面などが添付されている。

3. ロジャーディッキー社のパートナーシップによる造林事業

(1) ロジャーディッキー社の概要

ロジャーディッキー社は農場主であった代表が1971年に設立した(写真5-1)。2017年、92の森林区画で約3万haの森林を管理している。同社によると2,500の投資家を抱え、その中には海外の投資家やリピーターも多く含まれているという。ロジャーディッキー社はNZの北島南西部ウェーバリーに拠点を置くが、森林の所在地は北島東部ギズボーン、ネイピアのホークスベイ地方に集中して

写真 5-1　ロジャーディッキー社のオフィス(2014 年、筆者撮影)

いる。同社は 1990 年からホークスベイ地方に集中して林業投資の事業を開始した。林業投資の機会提供として、パートナーシップでは、1 万 NZ ドルから 10 万 NZ ドルまでであり、個人投資(シングルオーナー)としては 50 万 NZ ドルから 3,000 万 NZ ドルまでの範囲で用意している。管理する各パートナーシップの平均的な規模は 300 ha 前後となっている。

2001 年に行った現地調査での聞き取りによると、同社が管理する投資家の約 80 % はニュージーランド人である。その他海外からの投資家は、欧州、北米などに在住し、日本からの投資家は少なく 6 人程度だった。参加する投資家の職業と年齢は、専門的な職業に就いている 50 歳～60 歳代が多いという。参加年齢は 20 歳以下でも可能となっている。2013 年の現地調査で投資家の居住地について聞き取りを行った際には、特に欧州からの投資家が増加しているということだった。

同社における伐期は約 28 年に設定しており、管理するほとんどの森林は、港まで 100 km 圏内で配置されている。収穫する木材は輸出用であるため、森林の近くに大規模な輸出港があることを重要視している。森林は、ホークスベイ地方のギズボーン、ネイピアを中心に存在する。

同社で管理する森林は火災保険と風害保険に加入している。NZ では林野火災の危険性は非常に低いが、被害にあった場合、森林回復のための費用、除去作業、再植栽費用、投資家への損失を保険がカバーする。樹病等の問題は現在

写真５-２　パートナーシップ造林事業の一部で収穫が開始(2014年、筆者撮影)

写真５-３　中国に向けて輸出される丸太(2014年、筆者撮影)

のところ見られない。管理する森林には、家族で所有、パートナーシップによる不特定多数による所有、法人による所有などいくつかの所有形態が存在する。個人で所有(例えば300 ha程度)もあり、同社によるアレンジが可能である。投資家募集の宣伝方法は通常、①新聞での広告、②ダイレクトメール、③紹介(同社の事業に参加する投資家の友人など)、④インターネット等がある。

林業投資事業においては、年に１回程度で林業投資会社が主催する投資家を対象としたミーティングが行われる。同社では事業開始の初年度(植栽後)は、全投資家の30％がミーティングに訪れるが、徐々にその数が減少し、年月が

写真5-4　伐採跡地には植林し、次の投資事業として販売する（2014年、筆者撮影）

経つと10％から15％の参加率になるという。

同社が管理するホークスベイ地方の森林は、ほとんどが牧草地から林地への転換である。2001年に羊毛市場は状況が良かったため、土地価格は上昇した。羊毛、農作物の市場での価格は、年毎に上昇、下落を繰り返すため、土地価格もそれに連動する。近年の土地価格は上昇傾向にあり、新規造林用地としてはコスト面から取得が難しくなっている。

林業投資による収益を得るために新植から開始すると約30年という時間が必要となる投資事業だが、事業途中で権利を売買することもできる。権利を売却したい投資家は、ロジャーディッキー社に申し出ることで手続きが開始される。事業の途中で権利を売買する場合、ロジャーディッキー社が仲介役となり交渉が始まり、最初に同一パートナーシップ内で情報が周知され購入希望者を募る。そこで決まらなければ、同社が管理する他のパートナーシップのパートナー（投資家）らに情報が伝えられる。売買の交渉は順調に進んだ場合、約1か月で決定するという。同社の担当者によると、権利売買の動きは少なく、売りに出された場合でも比較的早い段階で購入する投資家が現れるという。

ロジャーディッキー社は、1990年代から2000年にかけて約1万9,000haで新規造林を行い、2010年からは約1万ha増加して現在は約3万haになった。近年、投資事業用に確保して拡大させている造林地はすでに植栽されて10年程度が経過した森林が多く、そういった森林に対する投資家の募集もパートナーシップではなく、単独のオーナーで募集している。顧客はリピーターまたは紹介によるものが多く、近年は特に欧州からの投資家や会社が増加しているという。2014年には一部のパートナーシップ造林で収穫を開始した(写真5-2、5-3、5-4)。同社では、2017年から本格的に収穫を開始している。

(2) A-Forestの事業計画と予想収支

ロジャーディッキー社のパートナーシップによる造林事業の事例について、A-Forestを取り上げる。面積は、373.5 ha(植栽可能面積は336.5 ha、うち10年、11年生が33.4 haを占める)で、北島東海岸ギズボーンの西北に位置している。同所における年間降水量は1,000 mmから1,200 mmで、標高は約220 mから350 mとなっている。ギズボーン港より35 kmに位置し、ジューケン ニュージーランド社の加工工場までは32 kmの地点にある。A-Forestは同社が管理する4つの造林地1300 haに隣接している。樹種はラジアータパインで、苗木はGF(Growth and Form、成長と形状の評価で、評価が高いほど成長が良いとされる)28を使用している。目論見書には、土地が肥沃であり、地拵えされ、雑草、低木林がないと報告されている。温暖な気候で雨量が多く、他の地域と比較してもラジアータパインの生長が早いという調査結果も目論見書では紹介されている。

A-Forestの持分割合は1％から選択でき(1％の場合約3.4 haに相当)、予想出資総額はNZ$3,042,825(持分1％当たりNZ$30,428)、予想総収入はNZ$11,900,149(持分1％当たりNZ$205,126)。内部収益率(IRR)は8.75％(税引前)、銀行利子相当は12.63％となっている。植栽年は1989年(18.8 ha)、1990年(14.6 ha)、2000年(303.1 ha)であり、伐期は28年、ラジアータパインの単一樹種となっている。2001年時点の投資者数は41人で構成されている。A-Forestにおける予想費用の内訳は表5-4、5-5となっている。

植栽前の準備としては、森林区画を決定する境界フェンスの設置がある。植栽場所までの林道を改善し、必要であれば新しい林道を設置する。生長促進のため、幼木の周囲に対して除草剤の吹き付けを行う。苗木の枯死を防ぐために植栽は冬季に行われる。1989年と1990年に33万4,000 haが植栽済みであ

表5-4 A-Forestの設立費および初期費用

事業設立費	全体(NZ$)
コンサル報告・造林計画費	
評価報告費	
案内見本書作成費	
印刷・郵送費	
合計	180,000
仲介料	48,000
法定関係	8,000
測量費	3,000
合計	239,000

初期費用	全体(NZ$)
土地購入費	598,150
苗木購入費	207,700
土地準備	7,000
林道改善費	10,000
合計	822,850

資料：ロジャーディッキー社の目論見書

表5-5 A-Forestの造林費および維持・運営費

項目	全体(NZ$)	Ha当たり(NZ$)
植栽費	260,684	860
除草費	41,352	136
枝打ち費(1回目)	205,602	679
枝打ち費(2回目)	192,142	634
枝打ち費(3回目)	185,057	611
除伐費	108,353	358
病虫害管理費	10,086	33
インベントリー	21,873	72
地図作成費	8,500	28
監査と評価	23,800	79
予備費	34,875	115
合計	1,092,324	3,605

項目	全体(NZ$)
メンテナンス費	73,665
森林管理費	222,575
運営費	178,000
保険	202,940
固定資産税	121,394
法定監督代	40,528
合計	839,102

総計 NZ$2,993,293

資料：ロジャーディッキー社の目論見書

り、2000年にGF28のラジアータパインが植栽された。枝打ちは植栽後4年から8年の間に3回実施し、最終的に6.5mの高さまで梯子を使用して枝打ちする。現場での下請け作業は、現場管理者によって監督され、モニターされている。森林は600m^{2}単位のプロットで管理され、要求されている枝打ち作業が達成されているか検査が行われる。枝打ちされた立木は、樹高、胸高直径を測定し、記録される。記録されたデータはコンピュータプログラムと照合される。6mの無節材が収穫できるように目標を設定している。間伐は最終的な枝打ちの後

写真 5-5　A-Forest（2016年、筆者撮影）

写真 5-6　A-Forest 林内の様子（2016年、筆者撮影）

に実施され、ヘクタール当たり350本まで立木を減らすこととしている。最終的な枝打ちと間伐が終了する約10年間で主な作業は完了し、収穫までの森林管理は森林内の巡回が主となり、立木の生長は自然に任せている。

A-Forestでの収穫は、2017年、2018年（植栽済みの10年、11年生のもの）と2028年の3回に渡って行われる。収穫時の木材価格次第では伐採を計画よりも数年後に延期することもある。同社の姉妹会社である森林管理会社（所在地はギズボーン）のスタッフが森林を管理している（写真5-5、5-6）。

(3) B-Forestの事業計画と予想収支

近年、ロジャーディッキー社では、植栽後10～20年程度経過した造林地を購入し、投資物件として販売している。その際に対象としている投資家は、単独のオーナーに限定している場合もある。対象が単独のオーナーである場合も、パートナーシップによる造林事業と同様に管理される。

2014年3月に販売されたB-Forestは、面積が152.5 haで樹種はラジアータパインとなっている。1993年と1994年に植栽され、4年後(2021年)に収穫を迎える。2023年には土地を売却し事業に参加する投資家は収益を得る予定となっている。同森林は、NZ北島南東部のマスタートンの北40 km、ウエリントン港まで130 kmの地点に位置する。マスタートンには2つの大規模な木材加工工場があり、ウエリントン港から輸出することができる。平均降水量は800～1,000 mmで、土壌も肥沃な場所になっていると目論見書では報告されている。

ロジャーディッキー社は同区画において、プロモーター、コーディネーター及び管理者として行動する。その役割は、投資事業における設立と販促であ

表5-6 B-Forestの予想される費用とその項目

設立費等の費用	全体(NZ$)
設立費	170,000
初期法的費用、合意、権利調査	5,000
デューディリジェンス費	20,000
コンサルタント報告書	15,000
海外投資局提出書類	45,000
法的費用	20,000
マーケティング費	67,000
合計	342,000

初期費用及び造林費	全体(NZ$)
土地購入費	350,000
立木購入費	2,000,000
植栽費	141,487
除伐費	43,488
除草(航空機)	38,052
害獣防除	8,532
インベントリー、地図作成	13,725
合計	2,595284

年間費用	全体(NZ$)
維持管理費	15,250
火災・公的保険加入費	38,125
森林管理費	62,264
会計・監査・管理費	73,000
固定資産税	15,000
合計	203,639

資料:ロジャーディッキー社の投資案内書

り、コンサルタントの報告と評価は同社から独立した森林管理会社(P F オルセン社)が行う。同区画におけるロジャーディッキー社が提供するサービスとしては、年間予算作成の準備、交渉、オーナーへの月間ファイナンシャルレポートの提供、森林マネジャーやコンサルタントによる予算執行の監督、支払いと受領、保険のアレンジなどとなっている。

B-Forestの予想総支出額はNZ$3,140,923で、予想される収入は土地売却による収入がNZ$350,000、立木(伐採後に新植した苗木)販売による収入がNZ$181,200、原木販売による収入がNZ$3,986,931と予測している(表5-6)。総費用から総収入を引いた収益は、NZ$1,377,208(税引前)で、内部収益率(IRR)は、5.59%と計算している。

植栽費は、伐採後に新たな投資事業を開始するために植林する費用であり、土地の売却とともに植えられた苗木も売却され収益として投資家に還元される。

(4) C-Forestの事業計画と予想収支

C-Forestは487haの牧草地(私有地)である。人工林の造成費や開発費は、独

表5-7　C-Forestの予想される費用とその項目

設立費等の費用	全体(NZ$)
設立費	300,000
マーケティング費	(記載無)
法的費用	25,000
海外投資局提出書類	45,000
調査費	30,000
フェンス設置費	15,000
合計	415,000

年間費用	全体(NZ$)
維持管理費	62,640
保険加入費	208,800
森林管理費	207,194
会計・監査・管理費	211,700
固定資産税	156,600
合計	640,141

初期費用及び造林費	全体(NZ$)
土地購入費	2,100,000
土地準備費(航空機によるやぶへの農薬散布)	18,540
作業道設置費(新規)	15,000
作業道改良費	25,000
植栽費(苗木、労賃等含む)	304,200
除伐費	103,680
害獣防除	21,600
間伐(切り捨て)	194,400
インベントリー、地図作成	22,000
森林評価レポート	15,000
合計	2,819,420

資料：ロジャーディッキー社の投資案内書

立した林業コンサルタントであるPFオルセン社によって計算されている。投資見本書はドラフトの部分もあるが事業計画の概要についてまとめた。

C-Forestはホークスベイ地方のネーピアから34kmの地点に位置している。輸出港であるネーピア港までは32km、製材工場まで27kmとなっている。この地域はNZの中でも森林成長量が高い場所とされる。C-Forestにおいては、2013年に360haでラジアータパインが植栽された。同地では伐期を28年とし、ha当たり最大で約760トンの丸太収穫、ha当たりの収益としてNZ$31,000が期待できるとしている。

初期投資費用は、約NZ$2,500,000とし、加えて土地・立木購入費、年間維持管理費も必要となる(表5-7)。予想総支出額はNZ$3,874,561(マーケティング費含まず)。2041年に収穫予定となっており、原木販売による収入は、NZ$11,269,447で、土地売却による収入はNZ$2,100,000と予想している。

設立費には、評価報告書作成費や森林コンサルタントの報告書作成費、開発計画費などが含まれる。苗木はha当たり1,000本植栽される。植栽費には、苗木代、労賃、運費、管理費等を含む。切り捨て間伐でha当たり500本にする。森林評価レポートの作成は5年毎に行われる。

4. 2000年以降の林業投資会社の動向

NZでは土地価格が年々上昇し、2000年以降は造林地の獲得に対して慎重な会社が多くなっている。小規模な林業投資会社は、新たな募集を行っておらず、造林投資事業開始後の権利を売買する二次市場の運営と管理する森林の維持、管理にとどまっている。

大手2社においても、ロジャーディッキー社は新規の造林地を拡大させているが、植栽後10年からの森林(土地含む)を購入し、単独のオーナーに販売して管理する方法が中心となっている。ロジャーディッキー社は海外からの顧客を歓迎しており、実際に海外からの大口の顧客が増加している。

フォレストエンタープライジス社は2000年代初めから造林地の拡大はせずに再造林で事業を運営している。同社のホームページ上や投資パンフレットを作成して販売を展開した1990年代のような新規募集は行っていないが、二次市場の販売は行っている。2013年の聞き取りによると、現状の2万ha程度が同社としての森林投資事業の規模として適切と考えており、既存の顧客の多くは不特定多数の投資家による新規参入を望んでおらず、リピーターや知人による紹介などが主な参加方法になっているとのことだった。

林業投資会社による投資事業の販売戦略は変化し、1990年代は木材販売による収益獲得までを補う同事業のメリットとして節税効果等を挙げていたが、近年はNZで排出量取引制度が森林分野から開始されたことから、同制度の参加による収益獲得を利点としてアピールしている。排出量取引価格は、開始当初は高値を付けたが、その後大幅に下落したことから投資家を林業に惹きつける大きな要因になっているとは言い難いものの、林業投資における税制優遇策に加えて林業投資促進策のひとつとなっている。

（小坂香織）

参考文献等

1） New Zealand Plantation Forest Industry Facts & Figures 2015/2016(2016) Forest Owners Association.
2） New Zealand Plantation Forest Industry Facts & Figures 2011/2012(2012) Forest Owners Association, p.14.
3） Mike Colley(2005) Current trends. New Zealand Institute of Forestry INC, *Forestry Handbook*, pp.10-12.
4） 柳幸広登・餅田治之(1998)ニュージーランドの「第3次造林ブーム」とその造林主体について. 林業経済研究 44(1), 117-122頁.
5） 立花 敏・小坂香織(2015)ニュージーランドにおける人工林投資の展開と投資の寄与, 岡 裕泰・石崎涼子編著, 森林経営をめぐる組織イノベーション. 広報ブレイス, 265-292頁.
6） 棚橋俊介(2012)ニュージーランドの年金制度. 年金と経済 31(1), 106-109頁.
7） Lane, P. M.(2005) Plantation forest description. New Zealand Institute of Forestry INC, *Forestry Handbook*, pp.6-7.
8） Manley, B.(2003) The changing face of forest ownership, *New Zealand Journal of Forestry* 48(1), p.2.
9） https://www.business.govt.nz/getting-started/choosing-the-right-business-structure/business-structure-overview/(2019年5月20日閲覧).
10） Ogle, A. J.(2005) Forest investment for individuals. New Zealand Institute of

Forestry INC, *Forestry Handbook*, pp.272–276.

11）The Ministry of Agriculture and Forestry（1994）*Small forest management 2 Forestry joint ventures.* 60pp.

12）Blackburne, M. A., Ogle, A. J.（2005）TAXATION, New Zealand Institute of Forestry Inc. Forestry Handbook, pp.264–266

13）前掲5）.

14）前掲12）.

15）前掲10）.

第6章　オーストラリアにおけるMIS植林システム

はじめに

オーストラリアでは1990年代に入り、羊毛の国際価格が低迷し、地方経済が急速に衰退しつつあった。さらに、オーストラリアは木材・紙製品分野において輸入超過状態でもあった。このため、連邦政府と州政府は、主に牧場用地を対象とした植林事業によって地方経済を活性化させる施策を講じることとした。植林事業を興すためには投資を呼び込む必要がある。その政策手段として管理型投資計画(Managed Investment Scheme：MIS)が登場することになった。投資家はMIS企業の植林区画(woodlot)を購入し、その分を税額控除できるというものであった。MISにおける税額控除は、オーストラリアの投資家にとって大きな魅力であり大ブームとなった。しかし、植林地の実際の収穫量は予

表6-1　TIMOによるMIS資産の再編

(千ha)

MIS企業	植林関連資産	備　　考
Great Southern Plantations Land社	266	New Forests社(オーストラリア)取得
Great Southern Trees社	229	〃
Timbercorp社(リース地主体)	91	Global Forest Partners社(USA)取得
Australian Plantation Timber社	37	New Forests社(オーストラリア)取得
Willmott社	50	Global Forest Partners社(USA)取得
Forest Enterprises Australia社	98	Resource Management Service社(USA)取得
Elders Forestry社(リース地主体) 大部分が旧リース地所有者に帰属	150	一部 Global Forest Partners社(USA)取得
Gunns社	170	New Forests社(オーストラリア)取得
Rewards Group	10	GMO Renewable Resources社(USA)取得
合　　計	1,101	

定を大きく下回るものであった。加えて、2008年に起きたリーマンショックの影響を受けて、新たな投資を呼び込むことができなくなり、2009年、二大MIS専業企業が破綻し、MISは消滅することとなった。本章では、最大のMIS専業企業であったグレート サザン グループ(Great Southern Group：GS)の事業活動を主に概観し、その跡を追うように事業を清算したMIS兼業企業の資産も含め、最終的にTIMOによって再編(表6-1)された経緯を紹介する。

1. オーストラリア植林2020ビジョン

(1) 概　要

1997年に連邦政府の政策としてオーストラリアの植林面積(100万ha)を3倍に増やすことを目標に掲げた。当時、オーストラリアは木材製品・紙製品で年間約20億ドルの輸入超過状態であり、植林面積を増やすことによって国内及び海外への木材供給(チップ輸出等)を目指すこととした(写真6-1)。1991年に羊毛価格が急落し、地方経済が急速に衰退したことも影響している。MIS(prospectus：目論見書によって投資を募ったのでプロスペクタスとも呼ばれた)は地域に活性化をもたらす救世主として登場したのである。

写真6-1 西オーストラリア州アルバニー港チップ船積み設備

(2) 国家森林政策声明

1992年12月に連邦政府と州政府が国家森林政策声明(National Forest Policy Statement)を打ち出した。契機になったのは、同年6月リオデジャネイロで開催された「国連環境開発会議(地球サミット)」であり、「生物多様性条約(1993年12月発効)」である。連邦政府と州政府は、オーストラリアの公有林及び私有林の持続可能な管理のための戦略・政策の重要性を確認した(1986年にオーストラリア森林評議会が関与して作られた国家森林戦略がこの声明の基礎となっている)。

政府によって掲げられたビジョンの狙いについて述べたい。

> 植林事業は、オーストラリアの森林景観の特性と関連する環境及び生物多様性を保持するだけでなく、地方のコミュニティの利益を最大限にするために活用できるであろう。植林事業の経営者は公有林の管理者と密接に協力して、公有林の保全及び商業利用を補完してもらいたい。革新かつ卓越した基盤の上に展開する持続可能な森林産業が地域経済・国家の経済成長・雇用拡大に貢献することを期待する。

声明の中で、木材生産や植林に関する記載があるので、抜粋して紹介する。

1) オーストラリアの木材産業の発展について重要な事は、生態学的に持続可能な木材を生産し、国際的に競争力のある木材製品を開発することである。付加価値の最大化と木材資源の効率的な利用に基づく産業は、木材製品製造の基盤拡大を提供し、国や地域に経済的便益をもたらす。
2) オーストラリアの商業植林拡大の目的は、経済的に実行可能で信頼性が高く、高品質の木材資源を業界に提供することである。
3) 政府は、オーストラリアの植林資源に関連して具体的な目標を持っている。(生産性の低い)牧草地や農地に商業的植林開発を行い、可能であれば植林事業を他の農地利用事業と統合することが望ましい。改良された植林技術や遺伝学的に改良された育種技術によって、生産性を向上させたい。
4) 政府の目的を達成するためには、課税、計画、情報へのアクセスなど、植林開発の障害を取り除く必要がある。

5) 政府は、国際競争力のある林産物加工工場のための原材料として、植林地から木材を確実に供給するために、民間の産業造林投資会社や公的林業機関にとって植林用地が必要であることを認識している。したがって、州政府および地方自治体は、大規模な産業植林地の確保を容易にする計画フレームワークを提供することになる。
6) 政府は、造林投資が20年を超える長期であることが、投資資本の誘致に困難を引き起こす可能性があることを認識している。資本に対するリターンを受け取るのに時間が長くかかると、企業、個人、農家は植林に投資することを嫌うかもしれない。この問題の解決策は、植林に投資された資本の取引をより柔軟なものにして、より魅力的にすることである。植林が長期投資であるという認識を変え、植林が短期間の投資であるという認識により、数十年にわたって資本を引き付ける事が重要である。
7) 政府は、植林開発を含む長期投資を促進するための有用なメカニズムとして(造林投資)ファンドの設立を奨励する。ファンドとして登録された企業は、39％の一般法人税率ではなく、30％の率で割引されて課税される。このファンドに投資する企業や個人は様々なインセンティブが受けられる。

(3) オーストラリア植林2020ビジョン

オーストラリア植林2020ビジョン(Plantations for Australia：The 2020 Vision)は、連邦政府と州政府が国家森林政策声明(1992年)を打ち出す政策環境の下で1997年に策定された。

1996年7月、林業、漁業、養殖に関する閣僚理事会は、2020年までに植林産業の面積を3倍にするという目標を承認した。この目標を達成するために、閣僚理事会は、現実的かつ達成可能な国家戦略について、産業界の目標がどのように達成されるかを林業常任委員会に報告するよう諮問した。理事会の要請に応じて、林業常任委員会と業界は、オーストラリア国際解明委員会(Australian National Committee of the International Commission on Illumination：CIE)にコンサルタントレポートを依頼した。このレポートは1997年10月に第一次産業エネルギー大臣ジョン アンダーソン氏が提案した行動枠組みの基礎

写真6-2　植林地内のユーカリチップ生産

となった。

策定された1997年以来、5年間で50万ha以上の新植林が実行された。これらの植林の大半は、広葉樹(ユーカリ)のプランテーションであり、主にMIS植林プロジェクトとして民間資本によって設立された。同5年間で、植林投資には約15億ドル、植林木の加工関連のインフラに10億ドルが投資されている。これらの投資は、衰退した地域経済を活性化し、雇用面でも大きく貢献した。

期待されていたメリットについて述べたい。

1997年から2020年の間に植林地を設立するために、30億ドルが投資されることが予想されていた。雨量が多い地域の農家所得は20％増加するとして、年間6億6,400万ドルの貢献を生み出す可能性が期待された。加工インフラへの適切な投資により、オーストラリア連邦の木材貿易赤字は黒字に転換することができると目論んでいた。農村部では、植林・伐採・輸送・木材処理等、新たに最大4万人の雇用が創出されるものと期待されていた(写真6-2)。

しかし、これらのメリットは“絵に描いた餅”になってしまった。植林2020年ビジョンの枠組みは5年ごとに見直され、必要に応じて改訂されることになっていたが、リーマンショックの翌年の2009年にMIS専業大手2社が破綻したことにより、2002年改訂版で止まっている。

2. MISの経営と破綻要因

(1) MISとは何か

MISは、人々(投資家)が共同で“Project”の権利を得るために投資する仕組みのことであり、MISの運営主体となるのがMIS企業である。資金信託・不動産信託・株式信託・農業関連企画(果樹園芸、水産養殖、家畜育成)・映画企画・抵当権企画等、広範な分野にわたっている。オーストラリアでは植林の他に、肉牛飼育・オリーブ・ワイン用ブドウ・アーモンド・アボカドの投資も募集していた。ここでは植林MISの仕組みについて具体例を示したい。

(2) グレートサザングループ:GS(社)

最大のMIS専業企業であったGS社の概要は以下のとおりである。

GS社は公認会計士ジョン ヤング氏と微生物学者ヘレン セウェル氏によって1987年に設立された。最初はオーストラリア南東部のラジアータパイン植林を管理するところからスタートしたが、1992年に投資事業を行うためにユーカリのグロブラス(*Eucalyptus globulus*)植林プロジェクトを開始した。1999年には、オーストラリア証券取引所(Australian Securities Exchange Limited:ASX)に上場された。当初は、木材チップを輸出するための植林事業に特化しており、2001年までにはニューサウスウェールズ州、クイーンズランド州、ビクトリア州、西オーストラリア州に合計6万6,000 haの植林地を所有した。

2004年に西オーストラリア州でワイン用ブドウ栽培のMISを開始した。続く2005年に有機オリーブ栽培のMISを開始し、肉牛飼育のMIS事業を買収して300万haを越える大牧場主となった。ほかに、アーモンド、高付加価値木材へと事業が多角化した(図6-1)。2004年以降、MIS売上げ、利益ともに記録を更新した。2003年と2004年を比較すると売上げ、利益ともに2倍以上の増加であった。

MISは、責任主体(Responsible Entity)が投資家の代理人として管理し、投資家の資金をプール化して共通の事業に投資する仕組みである。植林事業では

図6-1　GS社の資産位置図

投資家はグロワー(Growers)と呼ばれ、Woodlot(植林区画)を購入し所有するが、土地資産(所有地・リース地)はGS社に属していた。投資家のリスクとリターンは、個々のWoodlot(0.33 ha単位)に帰属せずに、プロジェクトの収穫時の平均収量で分担することになっていた。プロジェクトとは、GS社が募集した年度ごとの植林事業(図6-2)のことであり、オーストラリア連邦全土に及ぶ。

GS社の植林事業の利益の根源は林木の成長量である。年間平均成長量(Mean Annual Increment：MAI)の目標は25m^3/ha・年に設定していたが、実際の成績は12～20m^3/ha・年だったようである。気候変動による降雨量不足(干ばつ)が原因だとしている。

GS社は自らの資金を使って初期の植林MIS投資家に差額を補塡していたことが問題となっていた。他にも様々な問題が出ていた。植林用地を確保するためにMIS企業どうしが競争した結果、土地価格や借地料の相場が上昇した。Woodlotを販売するためには植林用地を確保しなければいけないが、西オーストラリア州南西部では、植林に不適な降雨量の少ないところまで入手した例もあった。また、GS社には銀行の協力を得て設立された金融サービス子会社が

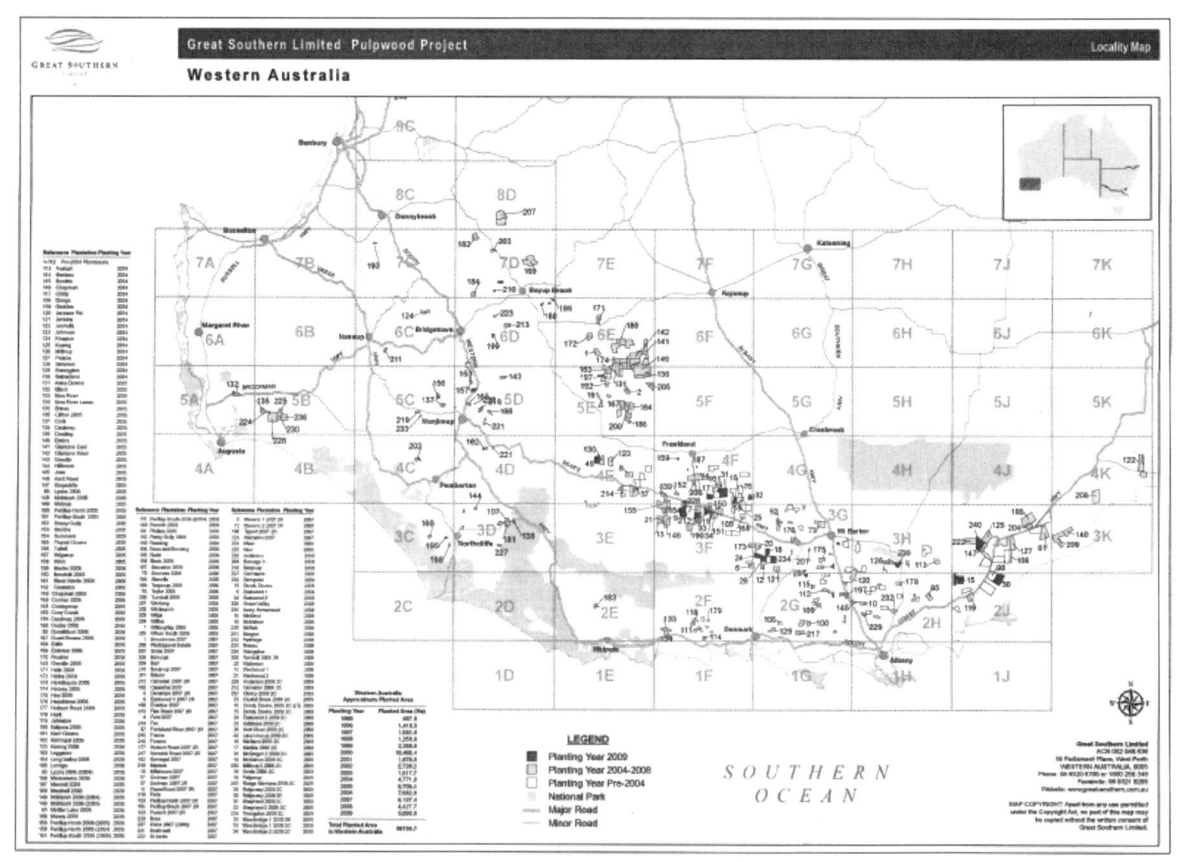

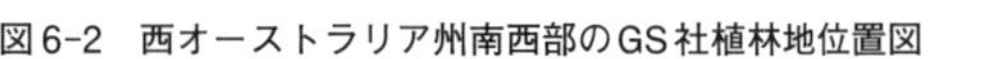
図6-2　西オーストラリア州南西部のGS社植林地位置図

あり、投資家にWoodlotの購入資金を貸し付け、収穫時に利子も含めて回収するという仕組みもあった。

(3) 植林MISの仕組み

税理士やファイナンシャルプランナーが代理人として、GS社の植林プロジェクトの内容を投資家に説明していた。そのツールである“生産品開示報告書”(Product Disclosure Statement：PDS)の一部を紹介したい。また、“販売促進のためのPR用CD-ROM”も投資家に配布されていた(写真6-3)。

報告書の正式名称は、「Great Southern Plantations 2007 Project and Great Southern plantations 2008 Project, Product Disclosure Statement」である。報告書の概要は以下のとおりである。

GS社は、MISアグリビジネスプロジェクトの開発、マーケティング、および管理に18年以上の実績がある。GS社は、主要な農業地帯の大規模な保有を含む、強い財政状態によって特徴付けられる。当初から、GS社の林業、園芸、家畜プロジェクトには35,000人以上の投資家が15億ドル以上を投資してきた。当グループの親会社であるグレート サザン リミテッド(Great Southern Limited：GSL)社は、1999年にASXに上場した。

写真6-3　MIS目論見書と生産品開示報告書等

① プロジェクトの概要と主な特徴

Great Southern Plantations 2007＆2008 プロジェクト（以下、「プロジェクト」という）は、オーストラリアの様々な地域で商業的な事業を営む機会を申請者であるグロワーに提供するために設立された。製紙業界で使用するための短繊維の広葉樹木材チップの製造にとても適している。

主な特徴

プロジェクトの主な特徴は次のとおりである。

2007 年プロジェクトは、発行された生産品開示に関する裁定に基づく完全税額控除が可能であり、2007 年プロジェクト（6 月 30 日以降のグロワー）および 2008 年プロジェクトに対して発行された生産品開示に関する裁定または特定の法律が完全税額控除の納税申告を付与する予定である。

収穫までの継続的費用は義務的保険の他は無い。

植林木産業

プランテーションからの木材チップの供給は、オーストラリアの天然林資源の代替物として収穫する実行可能なものである。

植林木は、サイクルが短い再生可能資源であることに加えて、プロジェクトに含まれる様々な種類の広葉樹は、パルプ・製紙業界が求めている植林樹種である。

植林ユーカリチップは一般的に、漂白性が良く、天然林に由来するミックスユーカリよりもパルプ繊維の収率が高い。これらのプランテーションの設立は、塩害の減少、リン酸塩の吸収および二酸化炭素の吸収を含む等多くの環境上の利点を有している。

最終製品の需要

木材や木材繊維の世界需要は、アジアを中心に、今後数十年間に増加すると予測されている。

プロジェクトの構造

この生産品開示報告書(Product Disclosure Statement：PDS)に基づいて、グロワーは土地及び管理契約を責任主体(Responsible Entity)と契約して広葉樹プランテーションを設立し、樹木が収穫されるまでプランテーションの将来の管理と維持を行い、1つまたは複数の植林区画(Woodlot)の借地料金利を、0.33 ha毎の植林区画に、最大で12年間支払う。

樹木の推定成長期間は平均10年であり、収穫は8年から12年の成長期間に起こりうるが、市況、販売契約、天候および栽培上の考慮事項など責任主体の事情に依存する。土地の金利は、12年までの期間である。

責任主体(Responsible Entity)

プロジェクトの責任者にGS社の子会社であるグレート サザン マネージャーズ オーストラリア リミテッド(Great Southern Managers Australia Limited：GS-MAL)社である。責任主体の経営陣は、オーストラリアにおける商業用パルプ材植林の取得、確立および管理にかなりの経験を持っている。GS社は1987年に設立され、現在14万haの広葉樹プランテーションを管理している。2006年9月30日現在、GS社の純資産は6億8,200万豪ドルを超えた。

植林事業を行う場所

プロジェクトのプランテーションは西オーストラリア州、ビクトリア州、南オーストラリア州(カンガルー島を含む)、クイーンズランド州、ニューサウスウェールズ州北部、タスマニア州、ティウィ島(Tiwi Islands)、または責任主体が決定したオーストラリアのその他の地域での広葉樹チップ用木材の生産に適している場所である。適切な面積は、主に、選択された広葉樹の急速な成長に寄与する気候条件および土壌タイプ、ならびに輸出を促進するための適切なインフラストラクチャーの存在または構築の可能性によって決まる。

土地の権利

プロジェクトで使用されている土地の権利(所有地及びリース地)はGS社に帰属する。このことは、木材チップの潜在的な購入者と農家(リース地提供)に長期にわたる保証となる。ティウィ島の土地は伝統的所有者である先住民からの長期リースによってGS社によって保持され、Woodlotをグロワーにサブリースしている。伝統的所有者は、狩猟、漁業、伝統的および儀式的目的のためにWoodlotを使用することができる。

土地選択

プロジェクトで使用されている土地は、選択された広葉樹種のプランテーションに適しているとして、経験を積んだフォレスターによって実際に評価される。さらに、プロジェクト内のすべての土地は、適切な土壌試験が行われ、十分な道路アクセスがあり、降雨要件を満たすところである。

育林技術

植え付け後の植林地の状態、病害虫の管理、2年目の雑草管理、葉の栄養分のサンプリングおよび施肥の定期的モニタリングおよび報告を含む、最高水準の育林技術がプロジェクトで応用されている。航空写真測量によるプランテーション管理計画および関連地図の作成には全地球測位システム(Global Positioning System：GPS)が使用されている。GPSは植栽の境界を正確に識別するために使用される。プロジェクトに使用される苗木は、オーストラリアのさまざまな供給業者から供給され、病害虫や供給不足のリスクを軽減している。選択された種子やクローンへのアクセスはサザン林木育種協会(Southern Tree Breeding Association)などのさまざまな供給業者との手配によって確保される。

料金と経費

グロワーは、設立サービスに関してWoodlot当たり物品・サービス税(Goods and Services Tax：GST)10％を含む3,300ドルの手数料を支払う必要がある。グロワーは、保険以外の継続支払は無い。関連するプロジェクトの純収入(GSTを含む)の5.5％は、管理者、賃貸料または森林利用権料としてグロワーによってGS社に支払われる。

税額控除

2007年6月30日以前に投資するグロワーのための2007年プロジェクトについては、Woodlot当たり3,000豪ドル(GSTを除く)の申込価格は、完全に税額控除対象となる。製品のGST構成要素は、グロワーの個々の状況に応じて、税額控除またはGST入力税額控除として請求することができる。

保険利用可能

プロジェクトの初期段階では、保険金額は小さい。植林立木の価値は時間の経過とともに増加し、それに応じて保険金額も増加する。現在、付加価値のある「オプション」保険は、立木の価値からWoodlot当たり3,000ドルまでの保険金額を補充するために利用可能である。

独立フォレスターの報告書

独立フォレスターは、プランテーションを点検し、植栽の年の翌年に10月31日までに責任主体に報告し、その後、年次ベースで報告する。責任主体は、毎年11月30日までに独立フォレスターの報告書をグロワーに配布する。

立木保証

責任主体は、苗木の植え付けから12か月後の植林立木を保証する。

収穫

この樹木は、8～12年で収穫可能に達すると予想されている。現在の予想では、ティウィ島に設立されたアカシアマンギウム プランテーションの収穫は約8年後に開始され、オーストラリア全土のユーカリ プランテーションは植え付けから12年まで徐々に収穫される。平均して、プランテーションの大部分は、約10年間の成長後に収穫されると見込まれる。

グロワーが別途選択する場合を除き、関連するプロジェクトからの木材生産物は、そのプロジェクトのすべてのプランテーションが集約され、グロワーは木材の売却によるリターンを受け取る。

関連する土地管理契約の下で、グロワーは、グロワーの木の販売を交渉する目的で、代理人として責任主体を指名する。

生産物の販売

GS社は生産物の販売交渉の際、購入者の安定性や支払能力、契約内容などの条項を十分に熟慮する。プランテーション設置と木材チップ生産輸出能力があるGS社に、グロワーを代表してエンドユーザーと価格を交渉する権限を委ねる。

リターン

プロジェクトは中長期的なものであり、グロワーへのリターンの計算には多数の変数が含まれているため、リターンを正確に予測することは極めて難しい。

リスク

プロジェクトへの参加は、商業植林における中長期間のリスクを有しており、投機的であると考えられる。責任主体は、主要なリスクを以下のように考えている。

- 干ばつその他の天候影響：気候の極端な変化はプランテーションの成長に悪影響を及ぼすことがある。おそらく、環境リスクが最も大きいのは、降雨量の減少(干ばつ状態)であり、成長率が低下するだけでなく、極端な状況では枯死に至る可能性がある。主要な気象リスクの1つはサイクロンである。ティウィ島はサイクロンに襲われやすい地域に位置しており、損傷を受ける可能性がある。風によって破壊されるような事態が発生した場合、グロワーの収益に重大な影響を与える可能性がある。
- 期待量を達成できない可能性：収穫量が、最終的に収益に重大な影響を与える。プランテーションの生産性は、降水条件、土壌タイプ、病害虫によって大きな影響を受ける可能性がある。プランテーションの生産性が何らかの理由で予期した量より少なかった場合、グロワーへのリターンは影響を受ける。
- 経済的価格とコストを達成できない：8～12年後に輸出される製品の価格を予測することは、特に木材チップ市場価格の世界的な変化を考慮すると困難である。明らかにGS社の管轄外にある要因によって、最終的な価格が達成される。グロワーへのリターンは、育林、収穫、チッピング、輸送、船積みのコストによって左右される。

金融オプション

GS社の子会社であるグレート サザン ファイナンス(Great Southern Finance Pty Ltd)社による短期間の無利子融資は、認可されたグロワーへの長期の元本および金利への融資として利用可能である(投資する資金をグロワーに融資する仕組みが用意された)。

② 税制と生産品開示に関する裁定

税務長官は、2007年6月30日以前に2007年プロジェクトに投資するグロワーに対して、2007年3月28日に生産品開示に関する裁定を発表した。

表6-2　Woodlot投資による課税限界所得範囲別税の優遇措置
2007年プロジェクト(最小の投資単位は1Woodlot)[1)]

課税限界所得範囲	税(控除)率(%)	GST登録の税額控除[2)]	GST非登録の税額控除[3)]
2007年6月30日が年度の最終日である(2007年4月1日から2007年6月30日の申し込み期間が含まれる)。			
$0 - $6,000	0	$3,000 × 0% = $0	$3,300 × 0% = $0
$6,001 - $25,000	15	$3,000 × 15% = $450	$3,300 × 15% = $495
$25,001 - $75,000	31.5	$3,000 × 31.5% = $945	$3,300 × 31.5% = $1,039.50
$75,001 - $150,000	41.5	$3,000 × 41.5% = $1,245	$3,300 × 41.5% = $1,369.50
$150,001 plus	46.5	$3,000 × 46.5% = $1,395	$3,300 × 46.5% = $1,534.50

注1) Woodlotの投資には、申し込み価格が支払われる会計年度の税額控除が適用される。各所得範囲の期待税務上の便益は、投資によって投資家の課税所得がそれぞれの所得範囲を下回らないことを前提として計算される。

2) GSTに登録された投資家は、Woodlot投資でGST(全額で300ドル)を仮払い税額控除として回収することができる。入力された税額控除の便益は、この表には示されていない。

3) GSTに登録されていない投資家は、投資税額控除として投資に支払われたGST(全額で300ドル)を請求することができない。GSTを含む費用($ 3,300)は完全に税額控除可能である。応募者は、該当するプロジェクトに適用される生産品開示報告書の裁定をすべて読むべきである。生産品開示に関する裁定のコピーは、オーストラリアの税務局、専門税務アドバイザー、直接責任者に連絡を取ったり、グレートサザン社のウェブサイトにアクセスしたりして利用可能になる。生産品開示に関する裁定では、税務長官は課税の適用についてのみルールを定めている。プロジェクトの商業的実行可能性、プロジェクトの投資としての健全性を保証するものではなく、請求された料金が合理的であり、商業的であり、業界の標準に合致するものでなければならない。
グロワーは、該当するプロジェクトに参加することから得られる税制優遇措置を利用できる権能についてよく理解すべきである。したがって、税務の専門家から、プロジェクトへの参加に関するアドバイスを受けるべきである。

2007年のプロジェクトおよび2008年のプロジェクトには、裁定が予定通りに発行される予定である。2007年と2008年のプロジェクトの両方に関して、生産品開示に関する裁定の税務長官への申請が行われた。

申請に関するGST構成要素は、当該年度に税額控除が可能であるか、GST仮払い税額控除として申告することができる。

グロワーは、申請価格および継続中の管理費および賃貸料について、GST構成要素の課税上の影響に関して、専門家の助言を求めることを勧める。

表6-2は、2007年6月30日以前のWoodlot(2007年6月30日まで)および2007年(2007年6月30日後)および2008年のプロジェクトへの投資の予定された税制上の優遇措置についてである。

以上が生産品開示報告書(PDS)の主な内容である。

(4) MISの破綻

事業の100%がMISであった代表的な企業は、GS社とティンバーコープグループ(Timbercorp Group：TC)社の2社である。MIS事業が部門のひとつ(兼業)であった企業が多かった。

両社とも、株主・銀行・投資家から集めた資金を土地購入、土地リース代、事業運営等に充ててきたが、事業そのものが順調でなかったこと、高コスト体質であったこと、2008年9月に起きたリーマンショックの影響で新たな投資による入金が激減したことで赤字決算になり、ASXの株価も大きく下落した。

資産売却等によって財務内容の改善を行おうとしたが、最終的に全ての銀行が返済猶予に応じなかったことにより、2009年両社ともに破綻した(TC社が4月、GS社が5月)。

GS社は植林MISのビジネスモデルを年間平均成長量(Mean Annual Increment：MAI)25 m^3/ha・年で計算していたようであるが、これは西オーストラリア州で最も優良な植林地の数字である。税額控除というインセンティブを与えられたものの、事業の持続可能性の検証を十分に行わない状態で本番に入り、破綻した。残されたのはWoodlotの購入資金を回収できない投資家達であった。

MISの売り子であった税理士とファイナンシャルプランナーは法的責任を問われることは無かったが、多くの顧客を失った。MIS企業から土地リース代をもらえなくなった地主達もいたが、契約不履行の場合、代替として立木を手に入れることもできた。いずれにせよ、伐採業者・輸送業者・苗木供給者・地元商店等、多くの人々が代金を支払ってもらえず苦境に陥った。

管財人であったフェリエ ホジソン(Ferrier Hodgson)事務所によると、GS社には約5万2,000人の投資家が約22億豪ドルを拠出していたとのことである。GS社は、株主から資本金として2億6,000万豪ドル以上を調達し、無担保転換社債を発行して6億豪ドル以上の資金を集めた。

3. TIMOによるオーストラリア植林産業の再編

2つの大手専業MISの破綻後、管財人によって事業や資産の売却（入札）が行われた。最終的に、TC社の資産はグローバル フォレスト パートナーズ（Global Forest Partners：GFP）社が、GS社の資産はニュー フォレスツ（New Forests：NF）社が取得した。2社ともに、世界的な規模で活躍するTIMOである。

GFP社は事業子会社としてオーストラリアン ブルーガム プランテーションズ（Australian Bluegum Plantations：ABP）社を2009年に設立した。同じ

写真6-4　西オーストラリア州南西部の牧場と植林地

くNF社もニュー フォレスツ ティンバー プロダクツ（New Forests Timber Products：NFTP）社を2015年に設立した。

また、兼業MISも事業や資産の売却を行った。その結果、旧MIS事業の大半がNF社とGFP社に集中した（表6-1）。

いずれTIMOはオーストラリアで取得した経営資産を篩にかけて選択と集中を行い、採算性のある植林地は継続し、そうでないところは農業用地あるいは牧場用地として売却するものと考えられる（写真6-4）。

（大渕弘行）

参考文献等

「webページ」

1）オーストラリア連邦政府農業水資源省
Plantations For Australia: The 2020 Vision（2002 REVISION）
http://www.agriculture.gov.au/forestry/policies/2020vision（2017年3月31日閲覧）.

2）NATIONAL FOREST POLICY STATEMENT
http://www.agriculture.gov.au/forestry/policies/forest-policy-statement（2017年3月31日閲覧）.

3）オーストラリア証券投資委員会（ASIC）
http://asic.gov.au/about-asic/media-centre/key-matters/information-for-great-southern-growers/（2017年3月31日閲覧）.

4）ニューフォレスツ社　https://www.newforests.com.au/（2017年3月31日閲覧）.

「報告書」

5）Great Southern Plantations 2007 Project and Great Southern plantations 2008 Project, Product Disclosure Statement.

6）Great Southern Plantations 2004 Project Overview（CD-ROM）.

第７章　アメリカにおけるTIMO／REITの林業経営

はじめに

わが国の機関投資家による林業経営への投資の動きへの注目は、ニュージーランドの造林ブームの動機解明が嚆矢となる[1)]。1990年代のこの時期は、地球規模の環境問題も後押しして、木材需給は天然林採取林業から人工林育成林業へ、短伐期へ、小径木へという流れに移行しつつあることが国連農業食料機構(Food and Agriculture Organization of the United Nations：FAO)の報告を中心として、日本でも共通の認識になりつつあった。

こうした中、2007年１月に開催された大日本山林会創立125周年記念シンポジウム「林業経営の将来を考える ── 団地法人化の可能性を探る ── 」において、団地法人化の可能性に関するわが国における実証研究から内部収益率２％が達成できることが報告された。同時に、大日本山林会が主催する当該テーマの研究プロジェクトの座長であった餅田治之氏より、ニュージーランド、アメリカにおける現地調査の結果を踏まえ、「林業経営は世界の動きの中で捉えるべき」として、今日の世界の林業経営の動きを見据えた上で、日本の林業経営の独自性や目指す方向を位置づけるべきとの認識が示された[2)]。

同年５月には福田淳氏によって、機関投資家による林業経営のひとつTIMOの森林投資動向についてアメリカにおける既往研究の紹介とともに、こうした動きは日本の林業経営における金融資本導入に関する研究へのインプリケーションであることが提起された[3)]。とりわけ、TIMOの登場と急成長の背景に、①ポートフォリオ理論の活用があったこと、②リスク分散、③林産物加工会社は短期的なキャッシュフローに偏りがちであるが、機関投資家は保有資産評価額最大化を目的に長期的観点から林業経営がなされていることに注目し、機関投資家の巨大資金が森林投資に向けられることになった従業員退職所得保障法(The Employee Retirement Income Security Act：ERISA)の改正にともなって投資対象の分散・多様化ができるようになったことは、内外の研究に共通して機関投資家が林業経営に参加するに至った重要な視点といえる。

同年筆者らは、アメリカ太平洋岸北西部(Pacific Northwest：PNW)地域を中心とする現地調査を踏まえ、林地が機関投資家の投資対象となった動力には、①大規模林業経営の平均的な内部収益率が6％(米国債4％、銀行利回り4～5％)を達成していたこと、②森林は低リスクで、安定した投資先であること、③林地価額の上昇による林地売却の有利性の3つを主要な理由として指摘した[4)]。林地売却の有利性は、1つ目に、林産会社は古くから企業備林としての森林所有が一般的だったが、その評価額は森林を取得した遥か昔、実勢価格より低く試算されていたため、森林の非林業的利用による土地価格の上昇も実勢価格を底上げしたこと、2つ目に、税制の優遇措置(税対策)がなされたとして、REITの資産運用では配当前に法人税がかけられず配当に対して所得税を支払うが、企業の場合は法人税差し引き後の配当に対して所得税支払いであったため、税制の改正によって、REITの投資家は1回の課税ですむようになり、投資家は35％の税率から15％に減少したことにあった。

さらに同時期、村嶌由直氏により、アメリカにおける垂直的統合林産会社の林地売却実態について、詳細な分析結果が示されるとともに、機関投資家の林業経営への参入は、機関投資家による投資拡大戦略の結果として、木材生産から資産運用に変質したというアメリカにおける既往研究の指摘を追随する認識が示された[5)]。この点に関して、筆者らの現地調査では、林地の資産価値を高め、林地からの収益を得ることへのインセンティブは、垂直的統合林産会社であっても機関投資家であっても変わらない。この点、小野泰宏氏は、かつての事業者は加工部門が大過なく操業するための安定した木材供給を主に志向していたのに対して、森林投資型経営では林地の所有と経営が分離されることで、林地そのものの価値最大化に特化する構造が生まれ、投資者と事業者という形で、林地の所有と経営が分離され、事業者が双方の利益追求を専門的に担う立場に置かれたことが、価値最大化を志向するインセンティブになった側面も大きいと指摘している[6)]。

以上の研究成果を踏まえ、本章では、2000～2017年の現地調査を基本として、まず1節で、機関投資家が林業経営に参入した時期のアメリカ林業史上の重大な出来事を踏まえる。次に2節では、TIMO/REITの経営に接近する。続く3節では、アメリカにおける林業経営収支と最適伐期齢の基本的考え方の一端にふれ、最後に今日、なぜ機関投資家が林業経営に参入し、そして垂直的統合による経営から水平的統合による経営に再編する動きをみせたかについて若干の考察を加え小括する。

1. 90年代のアメリカにおける環境問題と森林投資[7)]

(1) マダラフクロウ保護問題と生産対象の縮小

TIMO/REITが台頭する1980年代から2000年代初頭、アメリカではマダラフクロウ保護問題を契機に、伐採対象が国有林から私有林へ、天然林から人工林へ、そして短伐期へと大きく転換した時期でもあった。クリントン政権下、国有林からの伐採はそれまでの2割に減産することが決議された。だが、筆者らの2000年初頭の調査では、実にそれまでの2％にまでその生産量を減少させていたのである[8)]。

天然林から人工林への動きについて、オレゴン州林務部(Oregon Department of Forestry：ODF)への面接調査では、人工林・天然林別の木材生産量に関する公式統計データは無く、正確なところは把握できないとしながらも、ODFの林務職員による推計値では、オレゴン州における人工林からの生産量は80年代初頭で全木材生産量の1％程度、1990年代初頭で20％程度、2000年初頭で40％程度であった。ここでいう人工林とは、基本的に苗木を植林して育成したいわゆる人工造林施業をしたものを言い、天然更新地に一部人工的な手を加えた施業は人工林には含めていない。ODFの認識が正しければ、オレゴン州において生産される木材は、人工林材が急速に増加したと見ることができる。このことは、PNW地域の木材生産が私有林、とりわけ企業有林が木材供給の主たるアクターになってきていることは、すなわち人工林からの木材生産も、2005年以降、企業有林が中心になっていくことを意味する。そのことは、国家資源調査であるアメリカ再生可能資源計画法(US Renewable Resources Planning Act：RPA)での推計でも指摘されている。

こうした中、1990年代から2000年初頭にかけて、オレゴン州では森林所有の集中が一層進んだ。オレゴン州最大の私有林所有者の所有面積は、2000年から2003年にかけて2倍になったのをはじめ、上位20者の森林所有面積の合計は、2000年の319万5,500エーカーから2003年の453万5,194エーカーへと、およそ1.5倍に増加したのである。その牽引役は、製材工場を持つ木材加工業者が土地取得に積極的であったことである。最大規模の製材能力を持つウェアーハウザー社(Weyerhaeuser Co.)の所有林は、2000年36万1,385エーカーであったのが、2003年ウィラメット インダストリーズ社(Willamet Industries, Inc)を買収し、所有面積を112万6,578エーカーに増やした。他にも所有規模の拡大幅が大きかった製材工場を例に挙げると、U.S.ティンバーランド社(U.S.Timberland, LLC)が3万3,804エーカーから12万1,693エーカーに、ローズバーグ リソース社(Roseburg Resources Co.)が15万3,320エーカーから35万エーカーに、それぞれ所有規模を拡大した。

製材工場の積極的な所有拡大と裏腹に、その間、PNW地域では大手の紙・パルプ会社が山林所有から撤退した。2000年にオレゴン州における所有面積が8位にランクされたジョージア パシフィック社(Georgia Pacific Corporation)は、2003年にはオレゴン州の土地所有者リストからは消えている。これは、環境問題による伐採縮小を背景として充分な原木確保が困難になったことでPNW地域から撤退し、経営の中心をアメリカ南部地域に移したことが理由である。また、ジョージア パシフィック社に先立ち、同じく紙・パルプ会社であるインターナショナル ペーパー社(International Paper Company)も1990年代にオレゴン州から撤退している。これら紙・パルプ会社は、その後さらにアメリカ国外に植林地を移すことになったが、その販売先には大きな変化がない。

同時に、2000年から2003年の変化の中で特筆すべきこととして、林産加工部門をもたない林業経営者であるプラム クリーク ティンバー社(Plum Creek Timber Company, Inc.)が林業経営に参入したことを挙げることができる。林産加工部門をもたない林業経営者のうちには、保険会社であるジョン ハンコック マチュアル ライフ社(John Hancock Mutual Life Company Ins., 以下ハンコック社)の林業経営部門であるハンコック ティンバー リソース社(Hancock Timber Resource Company)が、PNW地域の森林を投資先としてすでに参入しており、1990年代以降、マダラフクロウ保護問題に揺れ動くオレゴン州私有林の林業経営は、投資意欲を掻き立てる方向に向かっていた。

最後に、機関投資家の動きとは別に、この時期は、木材加工業者自らが林業経営部門を切り離す動きがあったことである。たとえば、2003年8位にランクされたセネカ ティンバー社(Seneca Timber Co.)は、1992年にセネカ ジョンズ ティンバー社(Seneca Jones Timber Company)として、山林部門を切り離した。また、訪問先の大手林産会社メナシャ社(Menasha Corporation)も、2001年にメナシャ フォレスト プロダクツ社(Menasha Forest Products Corporation)を設立して山林部門を切り離すとともに、オレゴン州沿岸部にヘッドクォーターを設けていた。これらは、長期投資部門である林業経営部門を関連会社として独立させるというものである。

そもそもオレゴン州では、ファミリー(Family)と呼ばれる大規模森林所有者がいる。今日のファミリーは、林産加工部門を持たないのが一般的であり、木材生産の収入で、跡地造林、レクリエーションとして提供する森の整備等が行われている。たとえば、カスケード ティンバー コンサルティング(Cascade Timber Consulting Inc.)、ジャスティーナ ランド アンド ティンバー社(Guistina Land and Timber Company)、スターカー フォレスト社(Starker Forests Inc.)の3つのファミリーと呼ばれる大規模森林所有者は、いわゆる地元の名士ともいえる存在である。ウェアーハウザー社などが複数の郡にまたがって土地を所有するのに対して、カスケード ティンバー コンサルティング社はリン郡(Linn County)、ジャスティーナ ランド アンド ティンバー社はレーン郡(Lane County)、スターカー フォレスト(Starker Forests Inc.)はベントン郡(Benton County)といったように、ひとつの郡を中心に土地を所有している。

(2) ウェアーハウザー社にみる90年代の林業経営戦略

ウェアーハウザー社の林地再編は、どのような意味を持っていたのか、次にこの点をみていきたい。表7-1は、1990年代のウェアーハウザー社の伐採・造林・保育の状況を示したものである。これによると、1990年代を通じてウェアーハウザー社の伐採面積と造林面積はパラレルに展開し、人工造林による伐採跡地の更新が行われていることがわかる。1990年代半ばから伐採面積を減少させている。その理由は、オレゴン州の中でも生産性の低い東部地域の所有林を1996年に売却したために、その地域での生産が減少したことが大きな理由である。ところで、その売却に先立ち1995年にはすでに保育面積を減少させている。このことは手放す計画にあった投資効率の低い林地は、すでに保育も行わなくなっていたことを意味する。つまり、不要森林の売却、人工林適地や成熟資源の取得、それに先立つ保育量の減少といった一連の動きは、ウェアーハウザー社が、この間、生産基盤となる資源獲得をかなり計画的に行っていたとみてとれるのである。

表7-2は、ウェアーハウザー社のワシントン州・オレゴン州における国有林立木購入の推移を示したものである。これによると、ウェアーハウザー社は、1990年代半ばごろまでは1991年時点のおよそ30％の水準で国有林から立木購入を行っていたが、1990年代後半になると1991年当時の2～3％に購入割合を低下させ、1999年にはゼロになった。さらに、2001年の600万ボードフィート(board-feet：bf)を最後に、ウェアーハウザー社は2004年までの間に国有林からの立木購入を全く行っていない。このように国有林からの立木購入をゼロにし、それが継続するようになったということは、ウェアーハウザー社はもはや国有林に原木を依存しなくても生産を継続することができるような資源体制の構築が完成に向かっていたのである。当時の国有林などとの林地の交換、大面積に行われた林地の売却、同時に展開したカナダのマクミラン ブローデル社やウィラメット インダストリー社の成熟した森林資源の買収など、ウェアーハウザー社が、マダラフクロウ問題以降の1990年代から2000年代初頭にかけて見せた所有山林再編の動きは、自らの所有森林における林業経営の展開を軸とした国有林資源からの脱却をねらった戦略的な動きであると見ることができる。今後ウェアーハウザー社が所有するような地位級の良い土地をまとめて保有することは困難であることも指摘されている[9)]。ウェアーハウザー社自らも、2004年に開催されたシンポジウム「The Pacific Northwest Assessment of Future Potential & Economic, Environmental and Social Implications January 20-22, 2004, Oregon, USA」の中で、木材用林地への投資は、今日グローバルな

表7-1　1990年代のウェアーハウザー社におけるワシントン州・オレゴン州の施業別面積の推移

（単位：千エーカー、100万本）

作業種／年	伐採面積	造林面積	苗木植栽	保育面積	施肥面積
1993	42.0	46.1	22.0	10.4	53.6
1994	45.2	43.1	20.8	11.1	100.0
1995	42.5	40.9	19.8	6.7	88.0
1996	38.0	42.6	21.7	4.0	48.4
1997	35.6	32.3	17.2	5.3	73.2
1998	34.2	34.8	18.0	5.3	89.2
1999	33.7	35.1	18.5	8.5	83.8
2000	35.3	33.6	18.0	10.4	104.5

資料：U.S. Securities and Exchange Commission, Filings (Weyerhaeuser Co.)

表7-2　1990～2000年代初頭のウェアーハウザー社における
ワシントン州・オレゴン州国有林立木購入の推移

年	購入量（千bf）	購入価格（ドル）	91年基準の購入量割合（%）
1991	52,676	6,578,124	100.0
1992	19,800	1,975,112	30.0
1993	8,070	1,069,800	16.3
1994	14,203	1,513,966	23.0
1995	13,963	2,400,649	36.5
1996	28,621	1,796,954	27.3
1997	8,556	148,727	2.3
1998	25,665	2,026,254	30.8
1999	-	-	-
2000	13,291	165,540	2.5
2001	6,000	21,971	0.3
2002	-	-	-
2003	-	-	-
2004	-	-	-

資料：Draffan, G., Weyerhaeuser's National Forest Timber Purchases
by Region and Year 1991-2004

市場になっており、伐採の回転による利率の計算を行った上で、野生生物、魚、水、土、および文化財等保護すべき区域以外の投資効果の高い林地において、土壌・水分改良および遺伝子レベルの品種改良等徹底的な管理に投資を行うことは魅力的な投資であることを示した。当該シンポジウム開催の意図は、人工林化で短伐期化が進み、森林蓄積量の減少が予測されるPNW地域において、森林資源を維持し、かつ木材生産を持続させることへの展望を見出すことであった。すなわち、このウェアーハウザー社の動向は、①国有林・天然林からの脱却を意図している点において、②人工林経営を木材資源の再生産の基盤とするという意味において、環境時代への林業の新たな対応が開始されていたことを意味していたといえよう。

2. TIMO/REITの経営

(1) TIMO/REITの経営形態の特徴

TIMOとREITの林業経営の違いについて、TIMOは通常数社の投資家を顧客にファンドを組成するといった秘匿性の高い点が最大の違いになる。また、TIMOの多くは10～15年の有期のファンド期間があり期間終了時点では林地資産を売却しなければならないところが特色である。年金基金や保険会社等の機関投資家は前者の形態をとるのが一般的である。REITの制度では、基本的にREITは上場されていて情報開示義務あり、個人を含めた無数の投資家がオーナーである。年金基金や保険会社のような機関投資家は、自らREITにはなれない。また、証券市場に上場する公開株を持つREITをTimber-REIT(T-REIT)、それ以外をREITとして区別している[10)]。

さて、ファンドとしてTIMOとREITは似ているが、所有構造や情報開示義務、投資期間の有無が林業経営に違いを生じさせているかも知れないといった疑問について、筆者らの現地調査では、林業経営だけを考えると、REIT/TIMO、垂直的統合林産会社、ならびに個人であっても大規模層の森林所有者は、基本的に持続ある林業経営を目指しており、いわば事業の継続(going concern)を前提とした経営方針を持っているという。もし、違いがあるとすれば、経営体ごとにリターンや配当の考え方や計算には違いは想定される。だが、林業経営から利益を得る経営を行っていること自体には違いが無い。10～15年で林地売買をともなう期間で経営する世界最大のTIMOとされるハンコックティンバー リソース社は、既に30年余の歴史を持って事業を継続している。

(2) ハンコック社にみるリターンとインフレ等実物資産間関係

表7-3は、TIMOの先駆けとなったハンコック社のアメリカにおけるTIMOの年代別平均名目リターン、図7-1は、森林投資戦略と他の実物資産間の過去の相関を示したものである。そこでは、TIMOが参入する1970年代～80年代は、15%のリターンをもたらしていたこと、リーマンショック後の2010年以降は、名目リターンが6%水準に落ち込んだことがみてとれる。その理由は、商業用不動産いわゆる都市不動産の動きと反比例していることからもわかるとおり、リーマンショックの影響というよりも、1つ目は、垂直的統合林産会社を中心とする大規模かつ優良な林地売買が一段落したことを意味する。とりわけTIMOが台頭する初期には、垂直的統合林産会社の株主は、自らの社有林の実勢価額を充分理解していなかったことで、供給よりも需要が大きく作用したのである。2つ目は、2000年代初頭までの林地売買には、林業経営を目的と

表7-3　全米におけるTIMOの年代別平均名目リターン(%/年)

年　代	林地投資	農地投資	林地・農地統合 モデルポートフォリオ	商業不動産
1976-1990	14.9%	8.3%	11.6%	11.8%
1991-2009	12.2%	11.3%	11.7%	7.2%
2010-2015	5.7%	14.4%	10.1%	12.3%

資料：Hancock Agricultural Investment Group

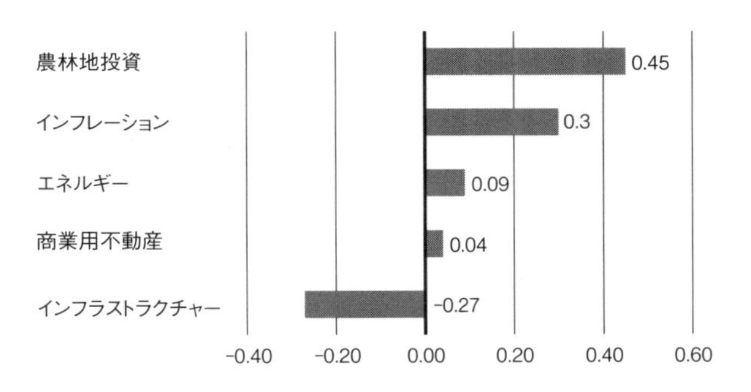

図7-1　森林投資戦略と他の実物資産間の過去の相関(1982-2011年)
資料：Hancock Timber Resource Group

しないリゾート地や住宅開発適地が含まれていたことで、林地価格を押し上げる結果になった。

(3) REITとなったウェアーハウザー社の経営

ウェアーハウザー社は、2010年REITに認定された。この結果、前述のとおり、不動産投資信託事業によって得られた利益は、法人税課税前にまず投資者に分配されるため、相当額の二重課税を回避できるようになった。このことで、植林への投資や立木販売で得られる収益最大化を可能とする経営が期待できるようになったという。ただし、子会社の中には、課税対象のものもあり、こちらは引き続き連邦法人税を納める必要がある。2013年にはロングビュー ティンバー社を買収し、PNW地域の約60万エーカー(24万ha)の林地を取得、続く2016年にはプラム クリーク社と合併し、630万エーカー(250万ha)を取得した。今日、アメリカ21州において530万haを所有し、カナダに530万haの森林利用権を有している。

REITに認定された後は、林業経営部門、林産加工部門、不動産とエネルギー部門の3つの事業部門によって組織されている。森林施業の従事者は1,600人程になる。林業経営では、苗木生産、苗木の品種改良、植栽、育林保育、伐採まで林業に関わるすべての生産過程を担っている。2000年初頭に実施した筆者らの大規模森林所有者の訪問調査を振り返ると、ウェアーハウザー社の苗は、ワシントン州、オレゴン州で生産されている平均的な苗に比べて、単価は高いものの優良苗であることから、ウェアーハウザー社の苗を積極的に購入していることを確認している。ウェアーハウザー社は、早くから人工林時代を見据え、苗木生産を重視した経営を行っていたのである。

自社有地は、「最有効使用(Higher and Better Use：HBU)」、すなわち、より高度により良く利用するという方針で経営している。このため、森林が都市部に近い場合は売却する場合もある。あるいは、不動産部門に組み込まれ、狩猟などのレクリエーションを目的として、土地のリースを行うケースもある。合併前のプラム・クリーク社は、「資産価値最大化(Asset Value Optimization)」を経営方針として掲げていたが、基本的には同じコンセプトといえる。経営において大事なことは、意思決定に際し、社内で一貫したシステムを有していることという。ちなみに、ウェアーハウザー社がREITになる以前のリーマンショック前後の筆者らの2007年、2009年調査と、REITになった後の調査では、いずれも6%水準は林業経営による内部収益率の目標数値でもあった。リスクを勘案すると、実態としては概ね4%水準とされる。

林業経営部門では、研究部門、森林施業、技術計画モデル、林業機械化、マーケティングやロジステックスといった面で競争力を有し、集約的施業によって高収益を得ている。とりわけ、林地の価値を最大限引き出すため、林業経営を軸に製材市場をターゲットとして、苗木生産-植林-育林-伐採-製品化-顧客への納品といったバリューチェーン全体を自社で管理していることは、大きな競争力につながっている。現在、バイオマス植林は無く、ペレット用には間伐材を使用している。

伐採後は州法に従い2年以内に9割以上の再造林を行っている。1割は天然更新になる。造林や素材生産は請負わせだが、それ以外はすべて社員による。高品質の製材用材が採れるPNW地域では、45年伐期を目指している。ちなみに、2016年の平均伐採年は52年ということであった。自社有林のうち、年間伐採面積は2%水準という。他方、南部地域では30年を目標としており、2016年の平均伐採年は29年、年間伐採面積は3%水準であった。また、南部地域の自社有林の多くは、プラム クリーク社の社有林であったが、南部地域における社有林の9割余は不動産部門下におき、木材生産よりも収益が望めるレクリェーションを目的とした利用者にリースしている。

林業経営部門の持続性について、社有林全て森林認証を取得し、経済的持続性をベースに100年を目途とした施業計画をたてている。現在、主な研究部門は3つとなる。①林業経営と環境保全の調和を目指し、絶滅危惧種等生物や生息環境のモニタリングやモニタリング技術の開発、②生産性とコストに関わる投資との関係、③樹木の遺伝子研究になる。ただし、遺伝子組み換えは行っていない。前述のとおり、これら3つを主力とする研究はREITになる前と変わらない。

(4) PNW地域、南部地域にみる育林技術

1) 育林技術

2015年3月時の現地調査に基づき、アメリカPNW地域と南部地域の植林から伐採までの生産過程とコストを図7-2に示した。南部地域の育林の総コストはha当たり1,200～1,800ドル、同じくPNW地域はha当たり1,200～1,400ドルであった。南部地域の標準伐期齢は28年、PNW地域の標準伐期齢は、TIMO/REITで30～45年、TIMO/REIT以外の大規模森林所有者で50～55年とされている。ちなみに言えば、PNW地域のダグラス ファーの伐期齢はかつて60年～70年であった。

PNW地域と南部地域の違いをみてみると、南部地域は、PNW地域に比べて植付け本数がやや多いこと、火入れを行うことが一般的であること、伐期が短いことに特徴がある。他方、PNW地域では、この10年で獣害対策費用が掛かり増しになってきていることが特徴的であった。さらに、1990年代以降の育成技術の特徴として、エリートツリーが導入されていること、ha当たりの植付け本数が少なくなっていることも特徴として挙げることができる。

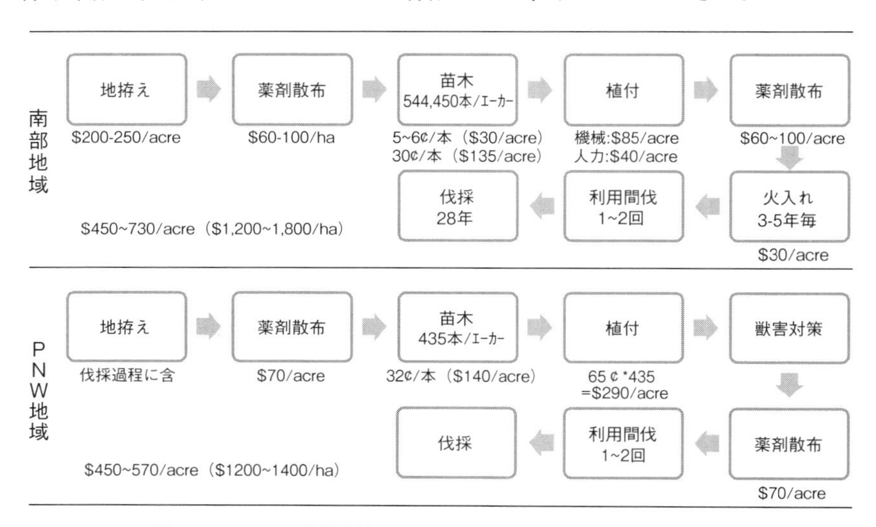

図7-2 アメリカ南部地域とPNW地域の生産過程と育林コスト比較

注）PNW地域ならびに南部地域の州政府、林業経営コンサルタント、オレゴン州立大学、ワシントン大学、ジョージア大学、アーバン大学、TIMO/REITへの面接調査より得られた概値。

資料：現地調査(2015年時)より作成

育林技術でもTIMO/REIT、垂直的統合林産会社、個人の大規模森林所有者の間に大きな差は無い。育林技術の差は、むしろ小規模層との関係で明らかであった。大規模森林所有者は育林にコストをかける傾向がある。たとえば、大規模層は小規模層に比べて、エリートツリーを用いることが多く苗木のコスト割合が高いこと、一方、南部地域の小規模層は、土地が痩せることを防ぐために行う火入れや地拵えを省略したりするという。

ここでいう小規模森林所有者とは、すべての小規模森林所有者が対象では無く、林業経営を行っているとされる小規模層の目安は概ね40エーカー以上になる。40エーカーという目安は、PNW地域と南部地域に差が無い。なお、PNW地域における面接調査では、TIMO/REITと個人の大規模森林所有者の違いには、TIMO/REITは、基本的に品種改良が行なわれた単価の高いエリートツリーを用いるのに対して、個人の大規模森林所有者は自らの林地の森林から選別した穂木を用いた優良な苗を育てている場合が多い。垂直的統合林産会社は、その中間ともいえ、すべての苗をエリートツリーとするのでは無く、自

写真7-1　苗畑の様子

資料：アーバン大学K. マクナブ教授、T. ギャラガー教授提供

社有林の選別苗と組み合わせて、初期投資を押さえている例もあった。

2）全米の苗木植林の８割に達する南部地域の育林技術

アメリカ南部地域の森林面積は8,000万haと全米の森林面積の４割程度だが、木材生産量は全米の総生産量の６割を超える。所有形態別面積割合は非企業有林が58％、TIMO/REITを含む企業有林は29％、国公有林13％になる。その樹種は、サザンイエローパイン等針葉樹45％、広葉樹55％である。うち植林面積は20～25％で、全米の苗木植林の８割と推定されている。年間10億本の苗木が生産され、毎年66万ha植林（ha当たり植林本数1,500本換算）しているという。植林は企業有林や大規模森林所有者に多い。大学の講義資料には、苗木の基準が詳細に記述されており、これまで天然更新が中心と言われてきた南部地域においても育種が重要な位置を占めていることがわかる。写真7-1は、その苗木の生産圃場の様子である。大型機械の導入で、苗木のコストを抑えている様子も伺える。

3）組織体制

TIMO/REITの森林管理組織は、大きく投資・リターンを計算するカルキュレーター（Calculator）と呼ばれる部門と現場管理部門の２部門になる。経営規模が小さくなり、また森林所有者自らが社長を務める、あるいは任命している場合、機能は変わらずフォレスターと呼ばれる経営者がCalculator部門を担い、また販売先の選定等現場での役割が増える。

現場管理部門は、さらに施業計画部門、林道整備部門、伐採部門、造林部門、資源調査部門、資源評価部門等の機能ごとに専門職員が配置され、たとえば、資源評価部門はインベントリーフォレスターが部門長を務めるなど、各部門をフォレスター（エリアマネージャーとも呼ばれる）が統括する。フォレスターの技術自体は既に確立されているため、これまでの調査では、TIMO/REITは、林地の売買後もこれまでの現場組織を温存している。もちろん、TIMO/REITへの移行時、それまでの組織が直営と請負わせに分かれる場合があるなど、売買の過程ではリストラが行われるケースもある。筆者らが面会したTIMO間の売買によって、新たな雇用主となったハンコック社に採用されたフォレスターは、ハンコック社に移籍できたことで、自身の技術・知識・販売能力などを認められたことに大きな誇りを持っていた。そういう意味でも、技術者の知識や地域特有の技術は継承されている。

3. 小括──アメリカにおけるTIMO/REITの評価を中心として

(1) TIMO/REITに対する評価

2012年、D.チャン氏らによって、TIMOやREITの林業経営に対する持続可能性に関する分析がなされた[11)]。そこでの関心は、TIMOやREITの林地所有について、①最大のTIMOやTimber-REITとは誰なのか、②TIMOやTimber-REITを通して機関投資家によって所有されている林地はどのくらいあるのか、③彼らの林地はどこに位置しているのか、所有権の動力と土地利用の転換はどのように影響しているのか、④彼らの林地管理は、企業所有や家族所有とは違っているのか、という面に置かれた。対象地域は、国内の木材生産の6割を占めるアメリカ南部地域とし、アメリカ森林局(US Forest Service)の森林目録と非公開データにより、アメリカ森林局との共同研究として分析を行った。分析に先立ち、経営体を次の3つに分類している。a)企業：所有者の目的が商業的木材生産であること、b)製材所：所有者が州内もしくは近隣の州や地方に一次木材加工処理設備を所有または経営していること、c)TIMO/REIT、である。導かれた結論は、次のとおりである。

① TIMO/REITの所有森林は、5.1%に過ぎないが、植林地は不釣り合いに多くの面積(およそ26%、1,030万エーカー)を所有あるいは管理している。再造林率は80%となり、伝統的林産会社(垂直的統合林産会社)や通常の株式会社(C-corporation：C-Corp)と同じ。

② TIMO/REITによって管理もしくは所有されている林地については、立木蓄積(growing stock)の市場向け体積の1エーカー当たりの在庫は、家族や個人、また他の企業所有者よりも低い。このことは、TIMOやREITによって所有・管理されている森林は他の森林より、より集約的に管理され

ていることを示している。

③ TIMO/REITによって所有あるいは管理されている森林のほとんどは針葉樹である。企業はTIMOやREITと似たタイプの森林を持っている。

④ 森林のタイプや所有による1年間の成長と伐採からは、すべての所有区分で木材の成長は伐採を上回っている。しかし、TIMOやREITは企業所有者と同じように、広葉樹については1年でその純成長より多くを収穫している。このことは、これらの管理者・所有者は広葉樹の森林から針葉樹の森林へと転換していることを示唆している。

以上からD. チャン氏らは、次のように結論づけた。大部分の組織的林地所有ではその投資期限が短期－中期であるため、TIMO/REITの管理の持続可能性は一般的な疑問点となっている。だが、木材収穫のペースは確かに木材成長のペースよりは遅く、他の所有形態と比べると、TIMO/REITの林業経営は健全で、おそらくより良い成長・伐採のペースを持っていて、それらの指標はTIMO/REITの森林再生の行動を示し、少なくとも成長と伐採の関係という点では、ほぼ間違いなく持続可能である。

(2) TIMO/REITの林業経営収支と最適伐期齢の基本的考え方

これまでの我々の現地調査によると、林地価格をゼロとした場合の内部収益率(Internal Rate of Return：IRR)は概して4～6％であり、国債水準以上であることが経営の目標値になっていた。これはPNW地域でも南部地域でも同じであった。

さて、IRRならびに配当に大きく影響する最適伐期齢に関して、アメリカにおける機関投資家を顧客とする林業経営コンサルタントの理解は次のとおりである。最適伐期齢は、育林投資とIRRならびに配当、次への投資等の関係でそれぞれの経営者の経営意図に基づき決定された結果であり、伐期齢は一般解を持たないという。ファウストマン式にその根拠をおき、周知のとおり、ファウストマン式では森林純収穫説は土地純収穫説の利子率ゼロの場合であるため、森林純収穫説も土地純収穫説の一式となり、アメリカでは両者の説は併存しない。

ところで、投資の世界では林業経営のみならずIRR法が重視されている。IRR法は、コーポレートファイナンス理論(企業がどのように資金を調達し、どのように資金を運用していったらよいのかを考える経営学の一分野)では、NPV正味現在価値法(Net Present Value：NPV)と比べて欠点が多いと言われている。だが、一般にNPV法よりもIRR法の方がよく利用されている理由は、IRRの値は、割引率、資本コストのような複雑な数値が分からなくても計算でき、ただひとつの値だけが計算結果として導かれるため、客観性が高く使い勝手も良いことによる。

ハンコック社は、今日、ポートフォリオの最先端理論として確立された条件付想定最大損失額(Conditional Value at Risk：CVaR)を用いている。当初は、想定最大損失額(Value at Risk：VaR)の欠点を補足する目的で導入された。VaRは、通常発生し得る損益の範囲、たとえば森林火災、森林病害虫被害等のリスクを含んで計算する。CVaRは、通常では発生しないリスクも予想する。ハンコック社のレポートでは、「VaRは、事態はどこまで悪化するか？という問いに応えることができ、CVaRは、事態が悪化した場合、ポートフォリオではいくらの損失が想定されるか？ に応える。」という。また、平均CVaRアプローチを利用したポートフォリオ最適化では、「資産全体の中で、森林投資はうまく機能し、高い分散効果をもたらすという結論を確認できた」と述べている。不確実性の高い要素の計算では、モンテ カルロ シミュレーション法(Monte Carlo method)を導入している例もある。もちろん投資家向けには、IRRは重要な指標となっている。

(3) 水平的統合による経営と垂直的統合による経営への若干の考察

わが国では、日本再興戦略のもとで、パリ協定に先立つ2014年2月、責任ある機関投資家の諸原則として、「日本版スチュワードシップ コード」が、また、2015年6月には、上場企業が守るべき行動規範を示した企業統治の指針となる「企業統治規則コーポレートガバナンス コード」がそれぞれ策定された。スチュワードシップ コードは、企業の持続的な成長を促す観点から、幅広い機関投資家が企業との建設的な対話を行い、適切に受託者責任を果たすための原則が示されている。日本版スチュワードシップ コードには、機関投資家が、投資先企業の中長期的な価値向上を図るために企業の状況を把握するに当たり想定し得る着眼点が示されており、そのひとつとして、「投資先企業のガバナンス」のほか、「社会・環境問題に関連するリスク」も含まれている。コーポレートガバナンス コードは、大きく次の5つの基本原則で構成され、①株主の権利・平等性の確保、②株主以外のステークホルダーとの適切な協働、③適切な情報開示と透明性の確保、④取締役会等の責務、⑤株主の対話が、各コードにおいて示されている。各原則の適用の仕方は、各コードの適用を受けるそれぞれの機関投資家と企業が、自らの置かれた状況に応じて工夫すべきもの、とされている。

こうしたもと、2015年9月、世界最大の年金資産規模を持つとされるわが国の年金積立金管理運用独立行政法人(Government Pension Investment Fund：GPIF)が、国連が支持する責任投資原則(Principles for Responsible Investment：PRI)に署名し、これをひとつの契機として、わが国でも、環境(Environment)、社会(Social)、ガバナンス(Governance)に関する情報を考慮した投資、その3つのキーワードの頭文字をとったいわゆるESG投資に対する認知度や関心は高まる方向にある[12)]。

こうした情勢を踏まえたハンコック社は、経営理念の中で、「ハンコック社は長期の持続可能な原則でクライアントの林地投資を管理する。土、空気、水質、生物多様性、野生生物生息地、水生の生息地、レクリェーションといった環境保全と調和し、そして森林の成長量を考えた伐採による土地管理を行う。世界における我々の林地投資全体は、ESGをより高い水準で実行する。」と述べる。

以上を育林経営にひきつけてみると、地球環境問題とともにある育林経営が、如何に高度で多岐にわたる技術・知識が要請されているかということに気づくのである。組織の諸形態の基本は、職能の分化にある。垂直的統合による経営組織は、経営者の意思決定層を厚くする事で、トップの経営層の意思決定を貫徹させる階層的分化形態である。一方の水平的統合による経営組織は、意思決定層を薄くし、多岐にわたる技能の連環のスピードを早める過程的分化形態になる。すなわち、機関投資家が垂直的統合による経営を選択せず、育林経営部門を切り離し、いわゆる水平的統合による経営を優先した理由には、今後の林業経営では、環境問題を内部化し、経営リスクを経営機会として捉え直し、科学的知見に裏打ちされた高度な技能技術が要請されることを見据え、それら個々の技術を連関させ、意思決定をスピーディに貫徹させることに合理性を見出したと言える。そしてまた、森林資源に経済的希少性を見出したのではないだろうか。[13)]

その意味では、たとえばオレゴン州の地位級は、課税の算定根拠とも連動しており、①潜在的な生産性についてのモニタリングによる実測値、②農務省自然資源保全局地質調査情報、③農務省林野局の植物群集指針、④オレゴン州税務局地位級の地図、あるいは、⑤ODFによって決定された情報等を併せて決定されている。オレゴン州では、その地位級の水準が森林施業法を通じて森林再生の要件を規定している。すなわち、オレゴン州における地位級は、複合的な科学的知見にも裏打ちされ、自然資源を再生させる意図が大きいと言える。

さらに、オレゴン州施業法に規定される森林再生には標準伐期齢の定めが無く、環境に配慮し、合理的・生物学的・生態的な資源再生が要求されている。アメリカにおける林業から収益を得る林業経営は、こうした法制度にみる社会資本の下、経営者それぞれの判断で伐期を決定し、森林投資を行っている。

最期に、その森林施業法について、アメリカ国内での南部地域における木材供給の競争力に関する筆者らの現地調査では、①PNW地域は65％が政府の所有だが南部地域は90％が私有であるため、意思決定がスピーディに行えること、②伐採・再造林の考え方は農業がベースにあること、③森林施業法、保険加入義務などの規制が無く、個別経営の中で「最善の管理方法(Best Management Practices：BMPs)」に配慮していることで、循環型の林業が成立していること、④気候・土壌・地形・植生などの生産条件に恵まれていること、結果として、⑤フリーマーケットが成立していることが挙げられた。だが、危機せまる地球環境問題の下、今後の趨勢として、南部地域でも施業規制が制度化される方向にあるという。一方のPNW地域の競争力について、経営形態に依らない厳格な施業規制があることで、最大の消費地であるアメリカ北東部向けの高品質材生産(製材用)がPNW地域全体で行われることになり、施業規制は環境保全と経済効果のどちらにも有効に働いているとする。[14)]

今日のわが国の育林経営を考える時、それを循環的に支え得る資金(資本)、制度、技術、人的資源、経営組織等の有り様について、機関投資家の育林経営の参入から学ぶ点があるようにも思うのである。[15)]

(大塚生美)

参考文献等

1) 柳幸広登・餅田治之(1998)ニュージーランドの「第3次造林ブーム」とその造林主体について．林業経済研究 44(1)，117-122頁．

2) 研究成果として，林業経営の将来を考える研究会編(2010)森林経営の新たな展開――団地法人経営の可能性を考える――．大日本山林会，全251頁，が刊行されている．大日本山林会が組織した当研究会によって，山形県金町をフィールドにシステムダイナミクス理論に基づくシミュレーション手法を用いて検討された結果が所収．団地法人経営は，藤澤秀夫(2002)団地法人化．林業経済 55(4)，18-28頁が初出．

3) 福田淳(2007)米国における林地投資の動きについて――林地投管理会社(TIMO)を中心として――(上)．山林 1476，16-23頁，同(下)，山林 1477，21-27頁．

4) 大塚生美・餅田治之(2007)アメリカにおける新たな林地投資．度林業経済学会秋季大会報告要旨，大塚生美・立花敏・餅田治之(2008)アメリカ合衆国における林地投資の新たな動向と育林経営．林業経済研究 54(2)，41-50頁．

5) 村嶌由直(2008)米・木材巨大企業(VIFPCs)の森林経営からの撤退――機関投資家による投資拡大――．鳥取大学研究紀要第6号，7-19頁，村嶌由直(2013)アメリカにおける森林投資――木材生産から資産運用追求へ――．林業経済 66(5)，1-18頁．

6) 小野泰宏(2017)日本における森林投資ファンド導入の阻害要因分析．林業経済研究 62(2)，32-40頁．

7) 大塚生美(2010)環境時代のオレゴン州林業――森林施業法と木材生産の再編．全206頁より抜粋するとともに補足した．

8) 当時の様子は，餅田治之(1994)アメリカ北西部太平洋岸地域の素材生産業の動向と伐出労働．林業経済研究 125，112-117頁，餅田治之・ガーランド ジョン・砂坂元幸(2000)1990年代初頭におけるオレゴン州素材生産業者の性格．林業経済研究 46(2)，17-24頁，大塚生美・餅田治之(2002)アメリカ北西部太平洋岸の素材生産と環境問題の一展開：オレゴン州における素材生産協同組合(AOL)の取り組み．熱帯林業(54)，21-29頁．

9) Best, C. and Wayburn, L.A. (2001) *America's Private Forests: Status and Stewardship*. Island Press, Washington, DC, USA, 268pp.

10) Zhang, D., Butler, B. J. and Nagubadi, R. V.(2012)Institutional Timberland Ownership in the US South: Magnitude, Location, Dynamics, and Management. *Journal of Forestry*, October/November, Society of American Foresters, pp.355-361では，REIT/TIMOの特徴について，次のように指摘する．

TIMOは，(a)別々に管理された個人取引(accounts)で直接，(b)5～20年の限られた投資期間で契約された合同運用ファンド(comingled funds)，(c)ときには期間未制限の公開(open)ファンドの形だったり，法的またその他の理由で組織的な所有者は，法人(corporation)や合資会社(limited partnership)，もしくは非公開[private]REITで構成されていることがある．数少ない株価指数連動型上場投資信託(exchange traded funds)の例外を除いて，これらのファンドは株式公開されていない．

REITは，公開されている株式と非公開で保持している株式の両方のタイプがある．REITは商業的資産や農場，もしくは林地などの不動産に投資している団体として，伝統的な株式会社(C-Corp)に関わる税の支払いがわずかか，全く支払わなくてよいという税の優遇措置を受けている特別な税制によって運用されている．REITは収益の90%を投資家に分配して返さなければならない．

機関投資家は一般的にTIMOによって管理されている林地に投資しているにもかかわらず，TIMOもまた多くの個人投資家のように，株式公開しているTimber-REITの株式を購入することによって，林地の資産クラスに対してリスクを回避する場合がある．実際，彼らの年次報告の詳細からは，Timber-REITのほとんどの株式は他のタイプの機関によって所持されているミュチュアルファンド(mutual funds)であることが明らかである．すなわち，機関投資家は，TIMOやREITを通してすべての林地を扱っているともいえる．

11) 前掲10)．

12) ESG投資に関しては，多くの普及書が刊行されているが，さしあたって，環境金融を推進する環境省のホームページに掲載されている「持続可能性を巡る課題を考慮した投資に関する検討会(ESG検討会)報告書」でも全体像をとらえることができる．

13) Ellefson, P. V. and Stone, R. N.(1984)*States Wood-based Industry: Performance of the Nation's Timber Enterprises*. Praeger, New York, p.249，によると，垂直的統合林産会社について，資本集約的な工場にとって森林所有は，物理的にも(原料不足の際)，経済的にも(短期の価格変動の際)一種の保険であり，資産の流動性，インフレヘッジなどリスクの低い投資であること，森林所有によるキャピタルゲインに対しては優遇税制が適用され，企業の経営戦略上，地域の森林資源を囲い込むことができ，他企業の進出を防ぐ手段であると指摘する．

14) 再造林率99％に至るオレゴン州森林施業規制が機能する要因の一端を分析したものとして，拙稿(2016)森林施業規制と住民投票制度，林業税に関する研究：アメリカ・オレゴン州を事例として．環境科学45(3), 79-84頁．
15) 大塚生美・堀 靖人・山田茂樹・岩永青史・天野智将・駒木貴彰・餅田治之(2018)育林経営再編の諸相 ―― 林業ビジネス化への示唆 ――．森林総合研究所研究報告(Bulletin of FFPRI) 17(3)，233-24頁では，日本でも，林業のビジネス化に向けた先駆的事例が生まれていることを指摘．

アメリカにおけるTIMO/REITに関する主な既往文献紹介

わが国の既往研究にも影響を与えた主な論文は，古い発表年代から，機関投資家による林地投資の経緯，ERISA(投資資産の多様化)の影響，TIMOsの登場と急成長については，Binkley, C. S., Raper, C. and Washburn, C. L.(1996) Institutional ownership of U. S. timberland: history, rationale and implications for forest management. *J. For.* 94(9), pp. 21-28，ポートフォリオ理論の活用，リスク分散，機関投資家は保有資産評価額最大化を目的とし，林産加工会社は短期的なキャッシュフローに偏りがちであることの指摘は，Nadine E. Block and V. Alaric. Sample(2001) *Industrial Timberland Divestitures and Investments: Opportunities and Challenges in Forestland Conservation*. Washington D.C., Pinchot Institute for Conservation，土地の分割販売による利益，林地の在庫ストック機能，収益率，ポートフォリオのリスク分散，インフレリスクの抑制については，Washburn, C. L., Binkley, C. S. and Aronow M. E.(2003) Timberland. *PREA Quarterly* (summer), pp.28-31，米国の木材巨大企業(VIFPCs)の林業経営からの撤退の過程については，Alvarez, Mila(2007)，The State of America's Forests, Society of American Foresters，pp.1-68，TIMOやREITの発展によって森林資産がおカネを生みだす手段と化し，森林ポートフォリオのパフォーマンスの追求と「持続可能な森林管理」との両立が極めて厳しいとしたのは，USDA Forest Service(2011) *National Report on Sustainable Forest-2010. FS-979*，pp.214になる。また，アメリカにおける機関投資家による研究の第一人者とされるClark S. Binkley博士は，*Pinchot Distinguished Lecture The Rise and Fall of the Timber Investment Management Organizations: Ownership Changes in US Forestlands*. Pinchot Institute for Conservation，と題して，2007年に講義テキストとして所収している。最近，わが国でも研究が深められている保全地役権については，さしあたってStein, P. R.(2011) *Trends in Forestland Ownership and Conservation*. Forest History Today, Spring/Fall, the Forest History Societyが詳しい。

第8章　TIMOによるハンガリーにおけるバイオマス植林

はじめに

世界中で多額の資金がだぶつき、有利な投資先を求める動きの中で、投資ファンドが森林経営に投資する例がみられる。その典型として、林地投資経営組織(Timberland Investment Management Organization：TIMO)、すなわち投資資金をバックに森林投資を行う専門的なスキルを持つファンドマネージャーが注目される。アメリカでは2010年に350億ドルの残高があり、2005年の180億ドルの残高から急激に投資残額を伸ばしてきた。その結果、年金等の中長期の資金を運用する資産として森林経営が一定の地位を占めるに至っている。その理由として、森林資源がもつ独特な投資サイクルとリスク・リターン特性が機関投資家の分散投資ニーズに合致しているためとされている[1)]。これまで、森林に対する投資ファンドが展開しているのは新大陸(アメリカ・オセアニア)というのが一般的な理解であった。しかしながら、旧大陸、すなわちヨーロッパにおいても投資ファンドによる植林が行われているという事実が上河潔氏(日本製紙連合会)により報告されていた。より詳細には、東ヨーロッパにおいて短期で収穫を繰り返すバイオマス植林が投資ファンド対象になってきているようであった。

そこで本章では、投資ファンドによる植林の背景と意義を考察するために、TIMOによる早生樹植林が行われているハンガリーにおいて、その実態を明らかにすることを目的とした。なお、現地での実態調査を2014年8月30日～9月7日の期間で行った。調査先については上河氏の助言を受けた。また、本章をまとめるに当たって、現地調査の結果と事前のTIMO(ここではBTGパクチュアル社[2])の担当者からの回答および調査後のウェブサイトでの資料の分析をもとにした。

本章の概要を示すと次の通りである。

ハンガリーでポプラの短伐期バイオマス植林が実施された動機として、ハンガリーがポプラの成長に適した土壌、気象条件であり、ハンガリーの風土に合う品種改良されたポプラの品種が作られていることが大きい。また、ハンガリーやEU加盟国では、木材やその残材のバイオマス利用拡大の余地は少なく、農地利用によるバイオマス生産に期待が高まっていることも背景として挙げられる。TIMOの大手の1つであるBTGパクチュアル社では、林業投資のリスク分散の観点から地域の多様化を進めている。

ハンガリーにおいては専門の造林会社(ドイツのP社)に造林地の管理運営を請け負わせている。P社ではハンガリーに事業所を設置して、大卒の林業技術の専門家を配置している。ハンガリーにおけるポプラの短伐期バイオマス植林は農地への植林で、その農地は借地であることが特徴である。借地は15年間で、3年間のローテーションを繰り返す。15年間の内部収益率は目論見では7～8%を目指している。収益を大きく左右する要因は、ポプラの成長量および販売価格である。ハンガリーでの短伐期バイオマス植林は、確証があって実施されているわけではない。EU及びハンガリーの再生可能なエネルギーに関する政策や農業政策の動向、さらには原油価格の動向が今後の短伐期バイオマス植林の展開に影響を及ぼすと考えられる。

1. ハンガリーの農林業

(1) ハンガリーの概況

ハンガリーは1980年代にソビエト連邦のペレストロイカに刺激を受け、民主化運動が活発化し、一党独裁制を放棄して西欧流の社会民主主義を志向した。1989年にハンガリーはオーストリアとの国境の「鉄のカーテン」を撤去(汎ヨーロッパ・ピクニック事件)することによりベルリンの壁崩壊・ドイツ再統一(1990年)のきっかけのひとつとなり、その後のソ連崩壊(1991年)など一連の冷戦終焉への大きな流れを作った。1990年に、複数政党による選挙が行われ、社会主義政権に終止符を打った。1996年に経済協力開発機構に加盟し、1997年から経済が好転し、「旧東欧の優等生」と呼ばれるようになった。1999年には北大西洋条約機構(North Atlantic Treaty Organization：NATO)に加盟し、2004年にヨーロッパ連合(European Union：EU)に加盟し、名実ともにヨーロッパ自由経済の一員となった。

ハンガリーの国土面積は、930万3,000 ha(日本の約4分の1)で、人口約983万人(2016年1月、中央統計局)、国内総生産(Gross Domestic Product：GDP)1,206億ドル、国民1人当たりGDPは1万2,240ドル(2015年、IMF)である。主な産業は、機械工業、化学・製薬工業、農業、畜産業である[3]。

国土の62.5％が農用地(耕地48.5％、草地10.9％、果樹・ブドウ3.1％)である(2006現在[4])。肥沃で平坦な土地と豊富な水資源に恵まれ、農業生産のポテンシャルは高い。農業の生産性は、改革前においても中東欧諸国の中でも最も高く、かつ当時のEU15か国平均を上回る単位面積当たりの穀物収量・乳牛1頭当たり収量を誇っていた[5]。

ハンガリーの人口は1,000万人を下回り、国内需要には限りがあるため、輸出重視の農業であった。このことは同時にハンガリー農業が国際競争力を持っていたことも意味している。

ハンガリーの農地の返還・補償による経済改革では、土地利用が極端に細分化されることがないように行われたことが特徴であった。その結果、土地所有形態は変わったものの、利用形態はこれまでのように大規模な協同農場が中心(新規の土地所有者が、協同農場に土地を貸し付けるかたちが多かったため)であった[5,6]。

(2) ハンガリーの森林、林業

次に、森林、林業についてみてみよう。森林面積は200万 haで森林率は20％である(森林の分布は図8-1を参照)。ハンガリーの国家森林計画(National Forest Program：NFP)によると森林率27％にすることが目標となっている。森林所有構造は、国有林55％、コミュニティ林1％、私有林44％(私有林所有者、約35万)である。森林の大部分は広葉樹によって占められており、広葉樹林の面積が森林面積の89％を占め、針葉樹林の面積は11％に過ぎない。図8-2は、

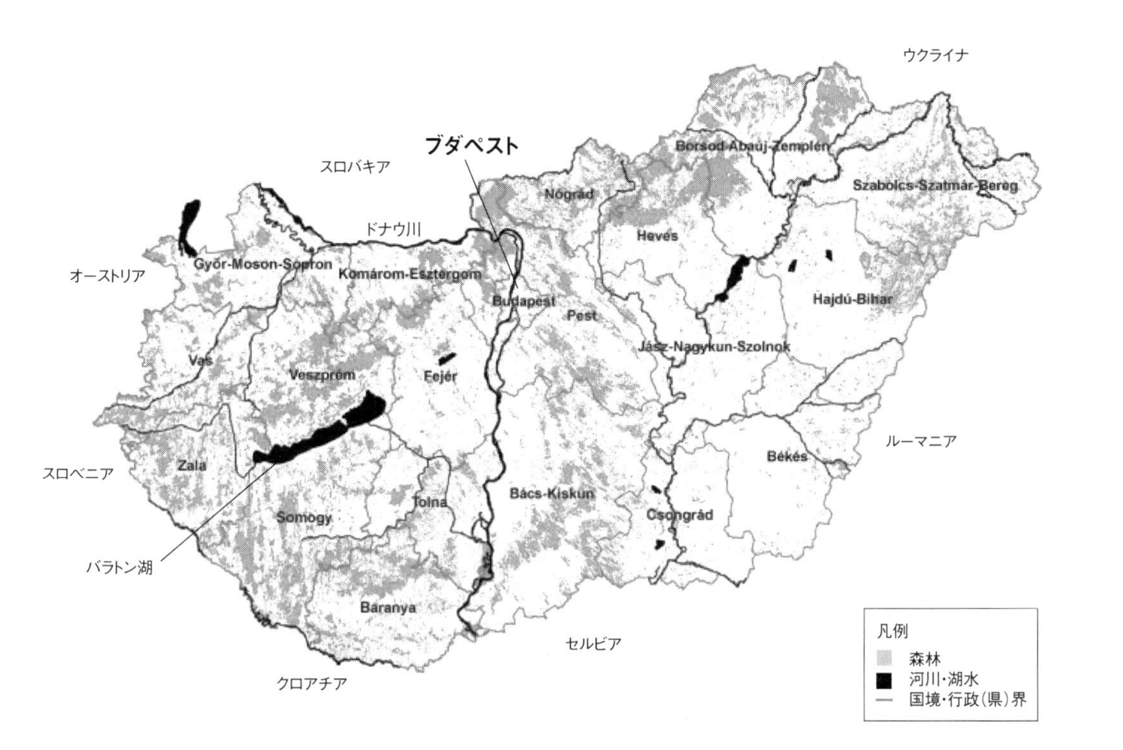

図8-1　ハンガリーの森林分布

資料：Tobisch, T., Kottek, P.(2013) Forestry- related Databases of Hungarian Forestry Directorate

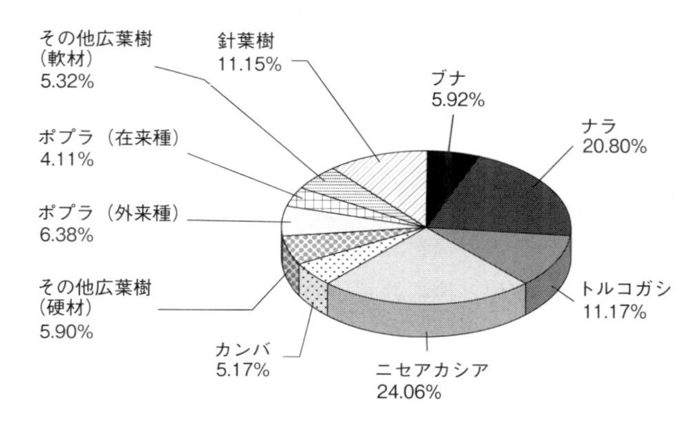

図 8-2　ハンガリーの樹種構成（2012 年）
資料：nébih（2014）Hungarian Forests

樹種構成を示している。9割近くが広葉樹で、ブナ、ナラといった長伐期の用材林が4割弱である。注目すべき点として短伐期で生産できるニセアカシアが全体の4分の1を占め、ポプラも在来種、外来種を含め1割強を占めている。

森林の蓄積量は3億6,600万 m^3 であり、年間の成長量1,320万 m^3 に対して年間伐採量は770万 m^3 である。伐採後は再造林が行われており年間の造林面積4,500～1万9,000 haである。ハンガリー林業は森林資源の保続を重視した古典的な中欧型の林業が行われているといえる。

ここで、ハンガリーの林政の沿革を簡単にみてみよう。ハンガリーでは第二次世界大戦後、木材供給の改善が林業政策の主要な目的となった。そのため、木材の生産増加と森林面積の拡大が強調されてきた。だが、自然環境と保健休養の改善を果たすことも同時に林業政策の目的とされてきた。

社会主義国家体制をとっていたハンガリーは1945年に58 ha以上の私有林を国有化し、5.8～58 ha未満の私有林はコミュニティ所有とした。1959年に集団農場が設立され、小規模な森林は集団農場に組み込まれた。1970年代初めには、すべての森林で森林経営計画が樹立された。1976年に最初の環境保護法が成立をみた。1989年には集団農場の森林の私有化がすすめられた。2004年にはEU加盟にともない国家森林計画が作成され、ハンガリーの林業政策の基本的な事項が示された。さらに、2009年に新森林法（森林・森林保護・林業に関する法律No.XXXVII of 2009)が制定された。新森林法の項目は下記のとおりである。

- 森林の新しい定義
- 国有林の特別な販売規則
- 森林の主要な機能の再定義
- 地域森林経営計画の導入と経営計画システムの変更
- 森林経営者の登録義務化と彼らの必須の業務と権利の定義の導入
- 土地利用の変更に対する詳細な規則の設定
- 森林への立ち入り権の再定義
- 国家林業データベースの導入
- 国家森林評議会の創設
- 森林行政の必須業務の設定

2. ハンガリーのポプラ植林とエネルギー植林

ハンガリーでは、上記のように在来種および外来種のポプラが全森林面積の約1割を占めており、主要な樹種の1つである。通常、10数年から20数年の伐期で収穫され、材はパレットや製函用の製材品やベニヤ用、製紙用として使用されている。

一方、バイオマス生産用のポプラ短伐期造林は比較的新しい試みである。BTG Pactual Timberland Merchant Banking(以下、BTGパクチュアル社)による最初の植林は2010年3月であった。その背景として、エネルギー事情が挙げられる。ハンガリーのエネルギーは、ロシアからのパイプラインによる天然ガス供給に依存していた。しかし、ロシアとウクライナ間の政情不安により、パイプラインに依存したエネルギー供給が不安定になったことから木質バイオマスへ関心が高まったことが挙げられる。また、原油価格の高騰に象徴されるようにエネルギー供給コストが上昇傾向にあったため、バイオマス植林が経済的にも有利になったことも挙げられる。そのため、ハンガリーのバイオマス植林に投資されたファンドにおけるリターンの目標利率7～9％が実現可能であった[7)]。

これらに加えて、バイオマス植林の有利な点として下記の諸点が挙げられる[8)]。

- 再生可能で、人為的に再生産できる
- 農業生産が一時的に放棄された土地利用の選択肢を提供する
- 正しい造林技術の適用によって、環境保全と生産との両立が可能
- 環境を硫黄と灰で汚す化石燃料の使用を軽減する
- 木材を燃やした木灰は作物の肥料となる
- 大規模なエネルギー植林地の造成は、地質調査、鉱山開発、採掘の費用を軽減する
- 化石エネルギーに比べてより均一な分布・配置が可能
- 植林地造成のための資本は、化石エネルギー資源開発に比べて少額で投資回収期間も短い
- 消費地に近い場所に植林地を造成することで輸送コストを軽減できる
- 地域の雇用の創出に貢献する

一方で、バイオマス植林は、市場の変化に対応する柔軟性が低いこと、政策の変更による不確実性、病虫害の発生などの懸念もある。とりわけ重要なのは、収益を上げるのに時間がかかり、将来の収益性が不確実ななかで初期投資額が大きいといった経済的側面で普及が妨げられている[9)]。

3. BTGパクチュアル社によるハンガリーでのバイオマス植林

(1) BTGパクチュアル社の概要

ハンガリーでポプラによるバイオマス植林に投資しているTIMO、すなわち、投資資金をバックに森林投資を行う専門的なスキルを持つファンドマネージャーであるBTGパクチュアル社についてみてみよう。BTGパクチュアル社は、グローバルに展開する最も大きい森林管理会社の1つで1983年に設立された。BTGパクチュアル社は、約30億USドルの資産と契約高をもち、77万9,094haの森林経営を行っている(表8-1)。そのうちの48万9,810haはアメリカ合衆国内にある。そのほか、ラテンアメリカ、東欧、南アフリカ

表8-1　地域別の森林面積

区　分	アメリカ	ラテンアメリカ	東ヨーロッパ	南アフリカ	合　計
面積(ha)	489,810	234,496	11,997	42,791	779,094
割合(%)	62.9	30.1	1.5	5.5	100

資料：http://www.btgpactual.com/home_en/AssetManagement.aspx/Timberland(2017年2月28日閲覧)

表8-2　国別の森林投資開始年

区　分	アメリカ	ウルグアイ	ブラジル	ハンガリー	グアテマラ・エストニア・南アフリカ
投資開始年	1981	2005	2008	2009	2012

資料：http://www.btgpactual.com/home_en/AssetManagement.aspx/Timberland(2017年2月28日閲覧)

に経営林をもっており、地理的な多様性を確保している。換言すれば、地理的多様性をもってリスクの分散の意義をもつ(表8-2)。森林管理協議会(Forest Stewardship Council：FSC)、CERFLOR(ブラジルの森林認証)、Tree Farm(アメリカの家族経営の森林管理を対象にした認証)などの認証にも取り組んでいる。森林投資を開始してから決済を行ったのは225か所(うちブラジル26か所を含む)である。開始から17億USドル以上のリターンを得ている。森林投資に関わっているチームは、投資、アグリビジネス、森林経営についてのべ800年の経験を持つ50名の専門家から構成されている[10)]。

それでは、何故、ハンガリーでのポプラのバイオマス植林だったのであろうか。それは、BTGパクチュアル社が現地での造林事業者として契約を結んだP社が深く関与していると考えられる。P社はドイツの苗木会社であり、同社は、夏はとても暑くて乾燥し、冬は寒いハンガリーの条件に適合したポプラクローンを開発したことが挙げられる。また、ハンガリーの独特の気候条件はポプラの成長にとっては好ましい上、地表から1m～1.5mの間に地下水面が広範に存在しているという土壌条件も味方し、ヨーロッパの他地域を凌駕するポプラクローンの成長量が期待された。後述するように、ポプラの成長量はきわめて重要であり、成長量の大小が採算性を大きく左右する。さらに、ハンガリーや隣国であるオーストリアでは、「緑」で代替可能な燃料源としてのバイオマス需要が増加していることも挙げられる[11)]。

(2) BTGパクチュアル社のハンガリーにおけるバイオマス植林の特徴〜借地による短伐期〜

BTGパクチュアル社がハンガリーにおいて実施しているバイオマス植林の特徴を一言で表現すると、借地による超短伐期「林業」といえる。というのもハンガリーでは外国人が農地を所有することは現在のところ合法ではないためである。したがって、BTGパクチュアル社がバイオマス植林を行っている農地はすべて借地である。加えて、5年以内に収穫しないと、「農地」の権利を失うため、5年より短いローテーションで収穫しなくてはならないとのことである[12]。そのため、借地契約はすべて15年間とし、3年のローテーションで収穫する。ただし、5年間延長することもある。

なお、上記のように超短伐期「林業」のところで林業をカッコつきにした理由は、このような超短伐期で収穫する形は林業とはいいがたいためである。超短伐期林業は、短期ローテーション作物(Short Rotation Crops：SRC)に区分され、森林省ではなく農業省の管轄である。したがって上述の図8-1や2の森林面積にバイオマス植林は含まれていない。

BTGパクチュアル社のバイオマス植林の土地は、農業省から短期ローテーション作物の許可を受けている。一方、農地には耕作義務があり、このことが農地の借地を促進し、農家は毎年のリース収入を得ることができる。BTGパクチュアル社では、個々の借地契約を顧客に合わせてカスタマイズしない方針であり、ほとんどすべての借地契約は同一条件、同一期間(借地料や狩猟権を切り分けるといったような多少の調整はあり)である[13]。

(3) バイオマス植林の体制

図8-3はBTGパクチュアル社によるハンガリーでのバイオマス植林の実施体制を示している。ハンガリーにバイオマス植林地を所有しているBTGパクチュアル社のファンドは、アメリカ、オランダ、ドイツの年金基金によるものである。BTGパクチュアル社は、経済的な指導と投資管理を行う。予算は最終的にはBTGパクチュアル社によって作られ、承認される。

植林、植林地の管理、収穫、販売を統括しているのはP社である。Pは、ドイツの苗木会社である。同社は夏に暑く乾燥し、冬は寒いハンガリーの条件に

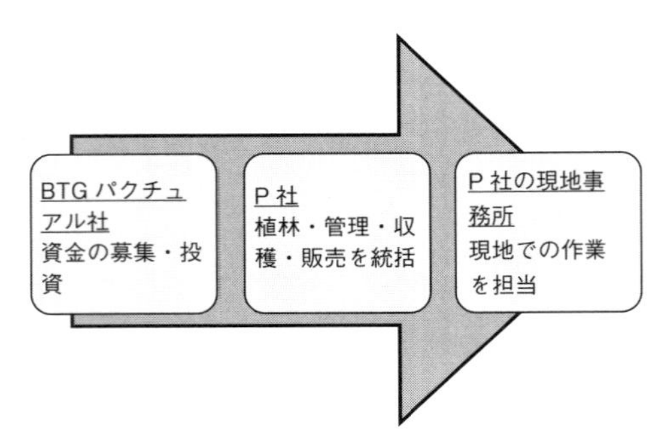

図8-3　BTGパクチュアル社によるハンガリーでのバイオマス植林の体制

適合したポプラクローンを開発した。それとともに、成長にすぐれたポプラクローンの生産とその施業、収穫、販売に関する技術的な知見をもち、それら技術的な知見の提供が期待されている。

P社は現地に事業所をおいており、そこには大卒の林業技術者を配属してバイオマス植林地の管理を担当させている。植林や保育作業に必要な労働力は現地の農家から調達している。

最初の植林は2010年3月に実施し、現在、ハンガリー内のポプラのバイオマス植林地は4,000 haである。植林地は需要者であるバイオマスによる熱供給事業所の近辺に分布している(図8-4)。

バイオマスの販売先は、ハンガリーとオーストリアのバイオマス発電所であり、供給契約を締結している。あわせて12月から3月の暖房が必要な季節には、オープンな市場と「スポット」市場で追加的な販売も行っている。

バイオマス発電施設はチップ化された原料(「グリン」ベース(50％の含水率)のものもしくは「乾燥」ベース(含水率20～40％)のもの)を購入するのがふつうである。植林地からのバイオマスは、間伐材チップ、農業残渣、薪炭といった他の燃料と混ぜ合わされて利用されている[14)]。

(4) バイオマス植林のコスト

バイオマス植林に必要なコストは、概要を示すと下記のとおりである[15)]。

• 不動産会社(ブローカー)による土地の集約化　250～500ユーロ/ha(初回

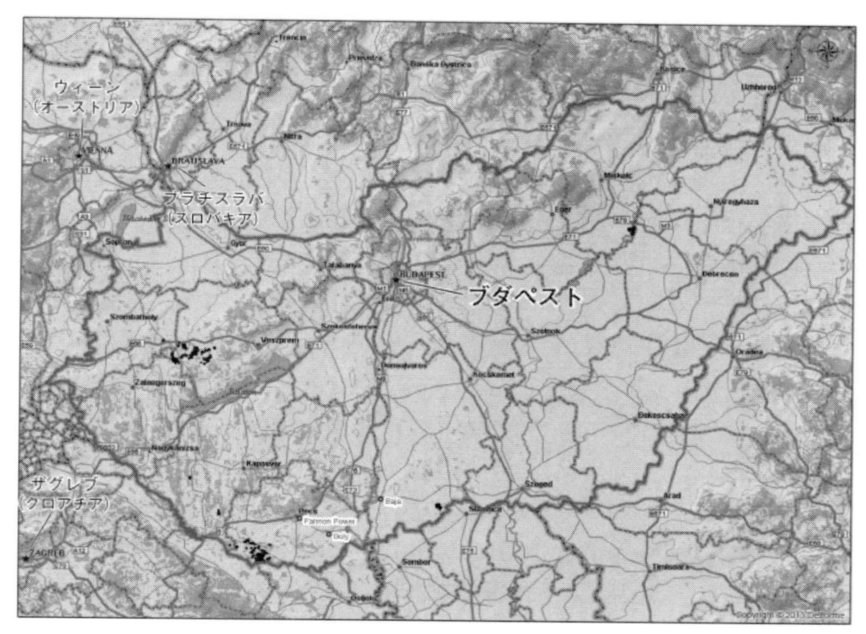

図8-4　BTGパクチュアル社によるハンガリーでのポプラのバイオマス植林の分布

注）黒色で示したところが植林地である。

のみ）

- 地ごしらえ・植林　2,200ユーロ／ha(初回のみ)
- 苗スティック　0.17ユーロ／本(0.1〜0.2ユーロ)を通常ha当たり8,333本の苗スティックを植栽(植栽時期3月15日から5月15日の間)(初回のみ)
- 下刈り　200ユーロ／ha・年(4回行う)(毎年)
- 管理費　150ユーロ／ha・年(うち、50ユーロ／ha・年：コンサルト料、うち、100ユーロ／ha・年：エネルギー植林地独特の作業)(毎年)
- 地代　200ユーロ／ha・年(2%のインフレーションを考慮)(毎年)

これらのコストを示したのが表8-3である。土地の集約にかかる費用や地拵え、植栽の費用と苗木スティックの費用は、初回にのみ必要となる費用であり、伐採後には萌芽更新させるので2回目以降の更新には不要である。こうした点を考慮して、1年・1ha当たりにかかるコストを表8-3の下段に示した。1年・

写真8-1　2014年3月に植林したポプラ林(樹高2m)(2014年9月1日撮影)

写真8-2　3年目のポプラ植林地(2014年9月1日撮影)
樹高5mで今年収穫予定
シカ害対策のためシカ柵を設置。シカ柵のコストは8～10ユーロ/m

1ha当たりにかかる費用は当たりのコストの合計　770～843ユーロ/ha・年である。ただし、この金額には収穫費用は含まれていない。

一方、収入については、10～25 dryトン/ha・年の成長量(1ha当たり1年間で乾燥重量15トン(含水率0%)以上のバイオマス成長[16])であり、現在、90～110

表8-3　ポプラバイオマス植林にかかる費用

（単位：ユーロ）

区　分	土地の集約化（初回のみ）	地拵え・植林（初回のみ）	苗木（初回のみ）	下刈り（毎年）	管理費（毎年）	地代（毎年）	合　計
ha当たりの費用	250～500	2,200	833～1,667	200	150	200	－
1年・ha当たりの費用	17～33	147	56～111	200	150	200	770～843

注）P社への聞き取りによる(2014年9月)。

ユーロ／dryトン(工場着価格)で販売されているので、計算上900～2,750ユーロ／ha・年となる。

上記の植林と育林にかかる費用をもとに内部収益率を計算した結果を次の3つのケースで示す。それぞれのケースでの共通の前提条件は、最初の0年目にかかる費用は土地の集約のための費用のみで、1年目に植林して、植林後3年目に収穫し、3年間のローテーションを5回繰り返すことにする。収穫費用は20ユーロ／dryトンとする(写真8-1、8-2)。

- 各種費用、収穫量、販売価格が最小、すなわち、土地の集約費用250ユーロ／ha、苗木代1本0.1ユーロ、収穫量10dryトン／ha・年、販売価格90ユーロ／dryトンの場合、内部収益率は-2.9%となった。
- 各種費用、収穫量、販売価格が最大、すなわち、土地の集約費用500ユーロ／ha、苗木代1本0.2ユーロ、収穫量25dryトン／ha・年、販売価格110ユーロ／dryトンの場合、内部収益率は26%となった。
- 各種費用、収穫量、販売価格が平均、すなわち、土地の集約費用375ユーロ／ha、苗木代1本0.15ユーロ、収穫量15dryトン／ha・年、販売価格90ユーロ／dryトンの場合、内部収益率は10.7%となった。

上記の計算結果から、ポプラの成長量および販売価格が内部収益率に大きく影響することがうかがえる。

(5) 地域への波及効果とポプラのバイオマス植林の今後の見通し

BTGパクチュアル社によるポプラのバイオマス植林の目的は、投資者に対して高いリターンを実現することにあり、とりたてて地域経済への貢献を目的としているわけではない。しかし、植林地の造成や植林地での各種作業実施のために地元の農家を雇用し、借地農地に対して地代を支払い、納税を行うという形で、結果として地域経済に貢献しているといえよう。

それでは、ハンガリーにおけるバイオマス植林の見通しは、どのようであろうか。P社は、現時点で、ハンガリーでのバイオマス植林は確実な投資であるとの確証があるわけではないとしている。しかし、今後20年間のタームで考えた場合、エネルギーコストの上昇が予測され、その上昇率は100％と推測される。一方、植林コストの上昇も考えられるが、その上昇率は30％にとどまるのではないかとの見通しである。この見通しのとおりエネルギーコストの上昇が植林コストの上昇を大きく上回るとしたら、現在のバイオマス植林の利子率8％よりも高い利子率が期待できる。

しかし一方で、不確定要素もある。ハンガリーの農業や農政の動向である。現状では外国人が農地を所有できないので、借地によるバイオマス植林のビジネスモデルが形作られている。しかし、農地の所有が可能になった場合は、超短伐期にこだわらない植林の方法もあると思われる。また、P社によると、地代は着実に上昇してきている。14年前には、30ユーロ/ha・年であったが、現在200ユーロ/ha・年へと上昇しており、地代の上昇が収益を悪化させる可能性もある。さらに、再生可能エネルギーへの政府の取り組みの動向もバイオマス植林の展開に大きな影響を及ぼす[17)]。

なお、2017年9月に実施した現地調査の結果、植林、管理、収穫、販売の統括を担っていたP社が撤退していることが明らかになった。また、現地の担当者によると、ポプラのバイオマス植林地が気象害や病虫害にみまわれ、当初の生産量を維持できる保証がないことから、バイオマス植林だけではなく、短伐期のポプラ用材生産を組み込むことも試行されている。このポプラ用材林では、ベニア用の原木の生産を目的としている。輪伐期は6年で、6m×6mで植栽し、枝打ちを高さ4から6mまで行うなど集約的な施業をおこなう（写真8-3）。

写真8-3　ベニア生産を目的としたポプラ植林地(2017年9月6日撮影)

4. おわりに　～バイオマス植林をとりまく状況と展望～

(1) ヨーロッパにおける短期ローテーション作物の現状と課題

ヨーロッパでは再生可能なエネルギー源として、バイオマスは重要であり、中でも木質資源はとくに重要な再生可能な資源である。そのため、木材のカスケード利用が進められてきた結果、林業生産活動とその木材の廃材から供給される木質バイオマスは、現在、ほぼ限界に達している。

こうしたことから、農業からのバイオマス供給が今後重要視されている。とりわけ、農用地を利用した短期ローテーション作物(ヤナギ、ポプラなど)の導入が鍵となる。たとえば、EUの共通農業政策(Common Agricultural Policy：CAP)では、すべて農家に対して、農地の7%を環境重点用地(Ecological Focus Areas：EFA)のために確保すべきであるとしている。これはEU加盟国で500万ha、2,500万トンのバイオマス生産量(1億CO_2トンの節約)に相当する。しかし、多年生エネルギー作物は7%のEFAの対象になるかどうか現状では明確ではないことから、CAPへの反映が必要であると考えられる。一方で、CAP

では、農用地への植林について、農業収入が一定期間得られなくなった代償として補償する仕組み（初回植林補償金制度）を用意している。この場合、クリスマスツリーの生産や短伐期林業は助成の対象外であり、当然ながら多年生エネルギー作物が支援の対象となっていない[18]。

(2) ハンガリーの再生可能なエネルギー源政策の現状

ハンガリーは2020年までに再生可能なエネルギー源（Renewable energy sources：RES）からのエネルギーの割合を13％とする目標を設定した。2010年12月の「再生可能エネルギー行動計画（Renewable Energy Action Plan：REAP）」ではRESの割合を14.65％とするいっそう野心的な目標を設定した。実際に2010年に3.6％の目標値は2007年に達成されており、それは主にバイオマスのおかげであり、再生可能なエネルギーの約80％をバイオマスが占めている。ただし依然としてロシアからのエネルギーの輸入依存度は高く、その90％以上が天然ガスおよび原子力によるものである。

ハンガリーでは、固定買い取り制度（Feed-in Tariff：FIT, ハンガリーでは“KAT”）を2003年にはじめて導入した。市場レートよりも高く電気を購入することによりEUの目標値を達成し、RESをより高めるために、ハンガリーはそのFIT計画を変更した。技術ごとにことなるレートは、2020年まで保証されて、インフレにあわせて毎年調整される。現在のレートは表8-4の通りである[19]。

(3) ハンガリーのバイオマス植林の展望を描くための課題

ハンガリーのポプラのバイオマス植林の実態から今後を展望することはむずかしい。実際にポプラのバイオマス植林に関わっているBTGパクチュアル社

表8-4　ハンガリーのKATのレート

ユーロ/MWh	太陽光/風力	< 20 MW(1)	> 20 MW < 50 MW	> 50 MW(2)	コージェネ
ピークレート		118.04	94.4	71.4	71.75-126.10
オフピーク1	107.67	105.62	84.51	46.96	45.05-80.57
オフピーク2		43.1	34.46	46.96	11.03

注1）水力については< 5 MW
　2）水力については> 5 MW

やP社も確証があって実施しているわけではない。ただし、少なくとも世界的な視野から多様な地域で造林投資を行うことでリスクを軽減するための選択肢にはなっていると考えられる。

今後の展望を明確するためには、短期ローテーション作物のEUおよびハンガリーの農業政策の位置づけ、固定買い取り制度の動向を見据えること、ハンガリー以外のEU諸国での短伐期バイオマス植林の実態や制度について引き続きデータ収集することが課題となる。

（堀　靖人）

参考文献等

1） 関 雄太(2007)欧米機関投資家の注目を集める森林投資. 株式市場クォータリー 2007/Summer, 178-187頁.

2） 補章2(6)を参照.

3） 外務省「ハンガリー基礎データ」http://www.mofa.go.jp/mofaj/area/hungary/data.html#section1(2017年2月28日閲覧).

4） New Hungary Rural Development Programme, 2012.

5） 弦間正彦(1996)ハンガリーの農業の現状と課題. 早稲田社会科学研究52, 113-142頁.

6） 農林水産省「ハンガリーの農林水産業概況」(http://www.maff.go.jp/j/kokusai/kokusei/kaigai_nogyo/k_gaikyo/hun.html；2017年2月28日閲覧)によると,「共産主義時代に協同組合所有となっていた農地の多くが1989年の体制転換後に以前の所有者に返還された. しかし, その多くは小規模農家か既に農業を辞めていたため, 多くの協同組合が経営形態を会社等に変え, 返却された土地を個人から借り受け, 多数の小規模農家と少数の大規模農業企業に二極化がみられた」としている.

7） BTGパクチュアル社へのメールでの調査による(2014年8月).

8） Redei, K., Veperdi, I., Csiha, I., Keseru, Z., Gyori, J.(2010) Yield of black locust short rotation energy crops in Hungary : Case study in a field traial. *Forestry Journal* 56 (4), pp.327-335.

9） Schweier, J., Becker, G.(2013) Economics of poplar short rotation coppice plantations on marginal land in Germany. *Biomass and Bioenergy* 59, pp.494-502.

10） BTGパクチュアル社HP(http://www.btgpactual.com/home_en/AssetManagement.aspx/Timberland)及びメール調査による(2017年2月28日閲覧).

11） BTGパクチュアル社へのメールでの調査による(2014年8月).

12) BTGパクチュアル社へのメールでの調査による(2014年8月).
13) BTGパクチュアル社へのメールでの調査による(2014年8月).
14) BTGパクチュアル社へのメールでの調査およびP社からの聞き取り調査による(2014年8月，9月).
15) P社からの聞き取り調査(2014年9月)による.
16) Schweier, J., Becker, G.(2013)Economics of poplar short rotation coppice plantations on marginal land in Germany. *Biomass and Bioenergy* 59, pp.494-502によると，ドイツの限界農地へのポプラ植林では，平均7.6dryトン/ha・年との結果となっている．また，レンジとしては7～14dryトン/ha・年との結果が示されている．さらに，Pleguezuelo, C. R. R. *et al.*(2015)Bioenergy farming using woody crops. A review. *Agronomy for Sustainable Development*, Springer Verlag/EDP Sciences/INRA 35(1), pp.95-119によると，2年間でイタリアにおける事例として16.7～33.7dryトン/ha・年のデータが示されている.
17) P社からの聞き取り調査による(2014年9月).
18) AEBIOM(2011)Workshop report "Perennial energy crops within the reform of the Common Agriculture Policy".
19) http://www.ey.com/gl/en/industries/power---utilities/recai---hungary(2017年4月26日閲覧).

第9章　東アフリカにおけるTIMOの活動

1. 東アフリカの3か国の森林・林業の概況

東アフリカにおけるTIMOの活動を考察するにあたって、東アフリカの3か国(ウガンダ共和国、タンザニア連合共和国、モザンビーク共和国)の森林・林業の現況を概観していきたい。内容については、「2013年開発途上国の森林・林業(一般社団法人海外林業コンサルタンツ協会2013年発行)」より抜粋して、一部改変して掲載することとする。

(1) ウガンダ共和国

① 森林の現況

国際連合食糧農業機関(Food and Agriculture Organization of the United Nations：FAO)の2010年世界森林資源評価(Global Forest Resources Assessment 2010：FRA2010)によれば、2010年現在の森林面積は299万haであり、国土面積の15%を占める。1990年から2010年までの20年間で森林は176万ha減少した。年平均では8万8,000ha、年率では1.9%の減少である。比較的潤沢な降水量を反映して、その森林率は東アフリカ諸国の中では依然として高い水準にあるといえる。その林相別の内訳は、熱帯高木林が18.7%、疎林が80.6%、人工林が0.7%(1992)で、人工林率は非常に低く、全森林面積の8割は蓄積の低い天然の疎林によって構成されている。熱帯高木林の率が比較的高いが、その3割程度は劣化状態にある森林である。これらの天然林は、過去において過度に劣化させられてしまったため、実際に生産性があるのは10万～20万ha程

表 9-1 一般指標

国土面積（万 ha）	2,420 （本州本島よりやや大きい）
人　　口（万人）	3,562 人口密度 147.5 人／km^2(2012 年)
主要産業	農業(コーヒー、茶、タバコ、綿花)
土地利用（万 ha）	耕地 885(44.3％) 森林 308(15.4％) 牧場・牧草地 511(25.6％) (2009 年現在)
気　　候	赤道直下でヴィクトリア湖北側に位置し、平均海抜 1,220 m の高地。湖の影響もあって平均気温は 21 ～ 23 ℃と比較的過ごしやすい。3～10 月は雨が多く乾季はない。3,000 m 級山岳地帯は高山気候 H。

資料：2013 年版開発途上国の森林・林業．社団法人海外林業コンサルタンツ協会，278 頁

表 9-2 森林指標

森林面積(2010 年)	2,988 千 ha
森林率	15.0％
森林減少率(2005-2010 年)	-2.7％
森林蓄積(2010 年)	131 百万 m^3
ha 当たり森林蓄積	44 m^3
人工林面積(2010 年)	51 千 ha
森林面積に対する割合	2.0％
公的機関所有	32.0％
民間所有	68.0％

資料：2013 年版開発途上国の森林・林業．社団法人海外林業コンサルタンツ協会，279 頁

度ともいわれている。また、現在収穫可能な蓄積のある林分は非常に少なく、5 万 ha 程度との試算もある。面積の割に良好な蓄積が少ないということが分かる(表 9-1、9-2、9-3)。

② 人工造林

FRA2010 によれば、ウガンダの人工林面積は 5 万 1,000 ha であり、人工林比率は 2％である。ウガンダの人工林は、用材生産を目的とした針葉樹とユーカリを主体とした薪炭林が主である。針葉樹の人工林は天然林からの貴重な資源の代替、あるいは均一な原材料の供給を目的として造成されたものであり、造林樹種としてはサイプレス(*Cupressus Insitanica*)が約 3 分の 1 を、マツ類(*Pinus* *caribaea, P. patula, P. oocarpa*等)が約3分の2を占める。ユーカリ類(*Eucalyptus grandis*等)は、建築用材および薪炭を供給するため、国内の主要な都市や村落周辺に造成されてきた。広葉樹ではその他、外来種として*Acacia mearnsii*、*Terminalia superba*、チーク(*Tectona grandis*)、郷土樹種としては*Maesopsis eminii*等による造林が見られる。

ウガンダの造林はすでに20世紀初頭に開始されているが、現存する人工林は主として1960～70年代に植栽されたもので、それ以後、近年まであまり造林されてきていないため、齢級にギャップが存在し、大径材の確保は今後ますます困難になるであろう。現在の人工林面積は3万4,000 haほどで、そのうち政府の管轄する人工林は2万4,000 ha(管轄森林面積の2.2%)、それ以外は私有あるいは慣習林で、この中にはタバコやチャの乾燥・調製のために私企業によって造成されたユーカリ造林地も存在する。これらの人工林の管理は行き届いているとはいい難いため、全般的にその蓄積は低い。現在の人工林の蓄積は今後5年から10年で消費し尽くされてしまうといわれている。

表9-3　原木生産量の推移

(千m^3)

年　次	薪炭材	製材用単板用材	パルプ用材	その他用材	用材計	原木生産量合計
1985	27,670	80	−	1,480	1,560	29,230
1990	29,265	70	−	1,669	1,739	31,004
1995	32,181	800	−	1,899	2,699	34,880
2000	34,090	1,055	−	2,120	3,175	37,265
2006	37,343	1,283	−	2,120	3,403	40,746
2010	39,636	1,973	−	2,120	4,093	43,729

注)その他は杭、マッチ、ポスト、柵など。
資料：2013年版開発途上国の森林・林業．社団法人海外林業コンサルタンツ協会，285頁

(2) タンザニア連合共和国

① 森林の現況

タンザニアの大陸部は東部で太平洋の海岸に接し、一部(ザンジバル)は太平洋の洋上の島嶼である。キリマンジャロ山の周辺、大地溝帯の周辺の高地、太平洋岸では降雨に恵まれ湿潤であるが、内陸部低地はやや乾燥した国土となっ

表9-4 一般指標

国土面積（万ha）	8,836 （日本の2.3倍強）
人　口（万人）	4,765.6 人口密度41人／km^2(2012年)
主要産業	農業(コーヒー、綿花、とうもろこし、キャッサバ)
土地利用（万ha）	耕地 1,150(13.0％) 森林 3,383(38.2％) 牧場・牧草地 2,400(27.1％) (2009年現在)
気　候	沿岸部の低地は熱帯サバナ気候Awで、中央の高原地帯はステップ気候BS、内陸部の山岳地帯は熱帯型の高山気候で気温の変化が少なく降雨も一定している。南部には温帯夏雨気候Cwもみられる。

資料：2013年版開発途上国の森林・林業．社団法人海外林業コンサルタンツ協会，403頁

表9-5 森林指標

森林面積(2010年)	33,428千ha
森林率	38.0％
森林減少率(2005-2010年)	-1.2％
森林蓄積(2010年)	1,237百万m^3
ha当たり森林蓄積	37m^3
人工林面積(2010年)	240千ha
森林面積に対する割合	1.0％
公的機関所有	100.0％
民間所有	-％

資料：2013年版開発途上国の森林・林業．社団法人海外林業コンサルタンツ協会，404頁

ている。

FRA2010によると、2010年現在のタンザニアの森林面積は、3,342万haであり、森林被覆率は38％となっている。2005年以降の森林減少は年平均40万3,000haであり、森林減少率は1.16％となっている(表9-4、9-5、9-6)。

タンザニアの森林植生は、半落葉熱帯降雨林、サバナ林、半落葉熱帯山地降雨林、準砂漠の4つに大別されている。

これらの分布および特徴は、1)半落葉熱帯降雨林の中には、この気候区分よりやや乾燥地の植生として、広葉雨緑乾燥熱帯林(火災による妨害極相であるミオンボ(Miombo)林がタンザニア西半の高原、台地に広く分布している。また、

2)サバナ林の中には、タンザニアの北東部に有刺林サバナが発達している。

森林資源は、火災、焼畑、過放牧及び無秩序な伐採という問題があるにもかかわらず、造林が進まず、非常に厳しい現実に直面している。しかしこれらの改善のための予算不足対策と土地使用の調整が実施されていない。

② 人工造林

タンザニアの人工造林は、1900年代の初頭からドイツ人の指導により、アマニの植物園(1902年創設)で試験造林が行われ、試験造林樹種は、商業樹種が選抜され小規模に行われた。その後、1918年(第1次大戦後)イギリス人により100種を超えるユーカリ類、50種のマツ類が熱帯各地から導入された。1950年代に入ると、タンザニア各地に見本林が造成され、1952年に設立されたルショト見本林は、熱帯アフリカにおける最大規模のもののひとつになった。

その後、1952年には政府直轄造林計画が策定されて、丸太、柱材、薪炭材の生産を目的として、1万6,000 haの造林計画が立てられた。この計画は、1962年までに85％達成された。さらに、1960年代後半より1970年代前半にかけて、大規模産業植林が実施され、7万9,000 haの人工造林地が造成された。

1967年以降は天然林の過伐と、薪炭材不足および環境破壊に対処するため、全国土を対象とする住民参加形式の村落造林キャンペーンが開始された。1986年にはスウェーデン国際開発協力庁(Swedish International Development Cooperation Agency：SIDA)との国際協力により、アリューシャ地区を中心に社会林業プロジェクトが発足した。その後社会林業の対象地は、広大な荒廃地

表9-6　原木生産量の推移

(千m^3)

年　次	薪炭材	製材用単板用材	パルプ用材	その他用材	用材計	原木生産量合計
1985	17,983	222	10	1,106	1,338	19,321
1990	18,567	317	145	1,484	1,946	20,513
1995	20,435	317	153	1,703	2,173	22,608
2000	20,787	317	153	1,844	2,314	23,101
2006	21,914	317	153	1,844	2,314	24,228
2010	22,836	317	153	1,844	2,314	25,150

注）その他は杭、マッチ、ポスト、柵など。
資料：2013年版開発途上国の森林・林業．社団法人海外林業コンサルタンツ協会，410頁

の広がるドドマ州を中心に展開された。わが国も、社会林業の発展のための技術協力を実施した。

FRA2010によると、総造林地面積は24万haあり、主要な造林樹種はマツ類である。マツ類の外にも、*Cupressus lusitanica*は高地の降雨量の多い個所の製材用樹種として造林されている。

(3) モザンビーク共和国

① 森林の現況

FRA2010によると、2010年のモザンビークの森林面積について国際連合食

表9-7　一般指標

国土面積（万ha）	8,016　（日本の2.1倍強）
人　　口（万人）	2,477.5　人口密度30.5人／km^2(2012年)
主要産業	農漁業(とうもろこし、砂糖、えび他)、鉱工業
土地利用（万ha）	耕地　530(6.7%) 森林　3,923(49.9%) 牧場・牧草地 4,400(56.0%)　(2009年現在)
気　　候	マダガスカル島の対岸、南緯10～27°に位置しており、大半は熱帯サバナ気候Awで、雨季は10～5月。内陸部のジンバブエ国境付近は一部ステップ気候BSになる。

資料：2013年版開発途上国の森林・林業．社団法人海外林業コンサルタンツ協会，505頁

表9-8　森林指標

森林面積(2010年)	39,022千ha
森林率	50.0%
森林減少率(2005-2010年)	-0.5%
森林蓄積(2010年)	1,420百万m^3
ha当たり森林蓄積	36m^3
人工林面積(2010年)	62千ha
森林面積に対する割合	－%
公的機関所有	100.0%
民間所有	0.0%

資料：2013年版開発途上国の森林・林業．社団法人海外林業コンサルタンツ協会，506頁

糧農業機関(Food and Agriculture Organization of the United Nations：FAO)の定義によれば、樹冠疎密度10％以上、モザンビークの森林の定義は再協議中であるが、本統計の元になる2005年の森林インベントリーに採用された森林の定義「樹冠被覆率10％、最小面積0.5 ha、最低樹高5 m」は国土の50％にあたる3,900万haであり、ha当たりの立木蓄積量は平均36 m^3。また、国土の19％にあたる1,500万haには、樹冠疎密度が10％に満たない樹木植生(疎林)が分布しており、これを加えると、モザンビークの国土の約7割の区域に、森林または疎林が分布していることになる。上記FRA2010によれば、1990年から20年間で森林面積は436万ha減少しており、年平均では21万8,000 ha、率にすれば0.5％の減少となっている。その原因としては焼畑や農地への転換、薪炭材採取、森林伐採、鉱山開発などが挙げられる(表9-7、9-8、9-9)。

森林(疎林も含む)のほとんどは、中部以北に主に存在するミオンボ林(Miombo: *Brachystegia* spp.)、ガザ州、テテ州に主に存在するモパネ林(Mopane: *Colophospermum mopane*)から構成される天然性の二次林である。ニアサ州、ナンプラ州、マニカ州を中心にマツやユーカリの人工林も2010年時点で僅かに(62千ha)に存在している。マングローブ林は2004年の時点で35万7,000 haであった。

② 人工造林

森林・野生生物法(1999年制定、2012年改訂)において、森林の区分は以下のように規定されている。

表9-9　原木生産量の推移

(千 m^3)

年次	薪炭材	製材用単板用材	パルプ用材	その他用材	用材計	原木生産量合計
1985	13,700	99	–	836	935	14,635
1990	14,825	47	–	876	923	15,748
1995	16,724	77	–	1,074	1,151	17,875
2000	16,724	128	–	1,191	1,319	18,043
2006	16,724	113	–	1,191	1,304	18,028
2010	16,724	225	–	1,191	1,416	18,140

注) その他は杭、マッチ、ポスト、柵など。
資料：2013年版開発途上国の森林・林業. 社団法人海外林業コンサルタンツ協会, 513頁

- 保護林：国立公園や保全地域(Forest Reserve)等内の森林
- 生産可能林：森林開発コンセッションやシンプルライセンスを承認できる森林
- 多目的林：生産可能林より資源価値が低く、住民の生計上必要に応じて利用される。

FRA2010によると、総造林地面積は6万2,000haあり、年間8,000haの造林であり、人工造林は進んでいない。主要な造林樹種はユーカリ類、マツ類である。

造林には、国土保全用植林、エネルギー植林、産業植林の3種類があり、森林・野生生物法及びその関係規則により制度が規定されている。

2. グリーン リソーシズ社

東アフリカにおいて活動している最も代表的なTIMOは、グリーン リソーシズ(Green Resources：GR)社である。その概要及び主な活動は以下のとおりである(図9-1)。

(1) グリーン リソーシズ社の概要

GR社は、1995年に設立されたノルウエー企業である。株主数は95で、ニュージーランドの森林ファンドが筆頭株主で株式の20.6％を所有している。会社の所在地はオスロにあるが、現地本社はタンザニアのダル エス サラームにある。植林部門の他、タンザニアで木炭工場、ウガンダで電柱や製材品の生産工場、モザンビークで電柱の生産工場を運営しており、営業部門も入れて、全事業で約2,600人(正規及び季節雇用)の従業員が働いている。将来的には林産物の輸出も考えている。

GR社の目標は、生産性の低い草原に持続可能な植林事業を確立し、炭素クレジットを獲得し、良品質の林産物を販売し、株主に利益を還元することである。炭素クレジットの収益の10％を地域社会開発に提供すると約束している。

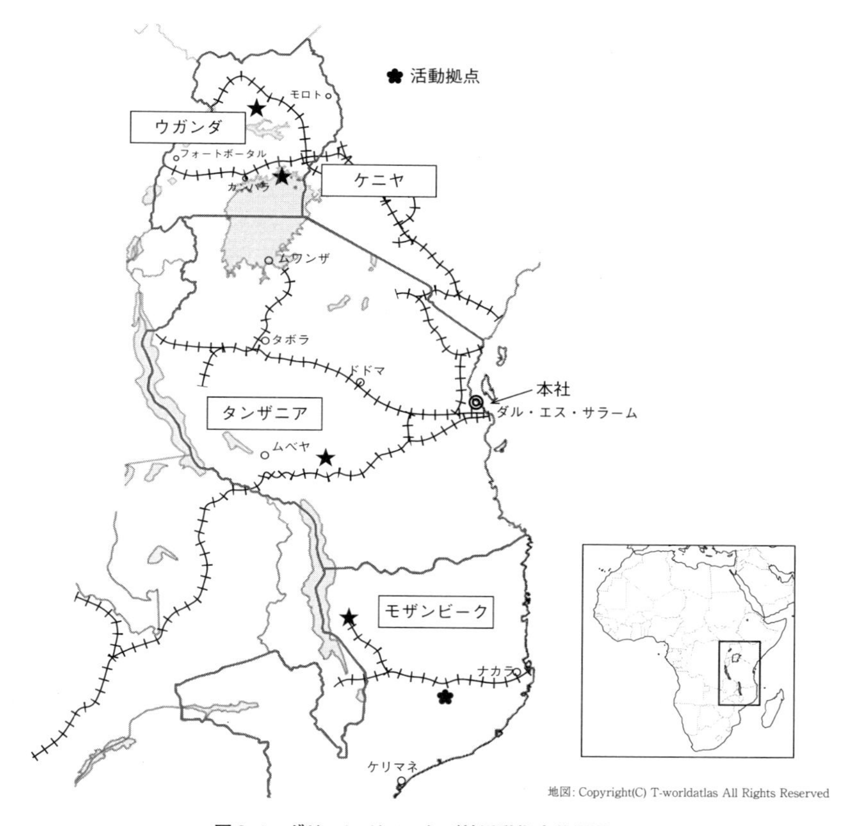

図9-1　グリーン リソーシズ社活動拠点位置図

自然環境や地域社会と密接に結びついた事業を成功させるには、環境・社会・ガバナンス(Environmental, Social, and Governance：ESG)投資の推進が必要であるとしている。

(2) 最近の動静

① 植林

GR社は、2016年度(2015.7～2016.6)は新たな植付は行わなかった。資金的な理由で、収穫した跡地の再植林約550 haに留まった。また、火災被害として約2,000 ha(9割はモザンビークで発生)が報告されている。また、乾燥被害による枯死が約1,000haあって、合計約3,000haを植林資産から除却せざるを得なかった。火災も枯死もエルニーニョが原因としている。

GR社が基準としている植林木の年間平均成長量(Mean Annual Increment：MAI)は、ユーカリが22.3m^3/ha・年、パインが15.2m^3/ha・年であるが、気候変動の影響を受けるかもしれない。

現在の植林面積約4万1,000haの樹種の内訳は、56.8%がパイン、42.4%がユーカリ、0.8%がチーク及びその他の広葉樹である。

② 販売収入

木材や電柱、製材品の2016年度販売収入が2015年度に比べ約3割落ちている。タンザニアの電力会社向けの電柱販売が2017年度に延期、ウガンダの政治的な混乱の影響で政府予算が固まらず電柱需要が減少、為替変動も収益にマイナスの影響を与えた。

③ 農民支援

1) 植林プログラム

GR社は、タンザニア、モザンビーク、ウガンダの事業地近隣の村落を対象に、植林希望者を募り、苗畑の提供や技術支援を行っている。2016年は653人が応募して、455haの植林が実施された。

2) 農業支援プログラム

2016年は、3か国で約1,200人の農民に種子(ダイズ、ゴマ、トウモロコシ等)を提供した。農民の自家需要を満たすだけでなく、余剰生産物を商品として売却することも支援している。

(3) 最近の経営状況

① 最終損益(税引前)の推移

2013年度　　4.14百万USD
2014年度　-17.03百万USD

2015年度　　-37.81百万USD
2016年度　　-55.54百万USD

2016年度のみ内訳を説明すると、植林価値が-26.29百万USD、為替影響が-14.18百万USD、金利が-9.3百万USD、その他-5.77百万USDである。植林価値のマイナスは前述の火災と枯死による除却である。為替影響は主にモザンビーク通貨の下落によるものであるが、前年度も為替影響で-9.13百万USD被っている。通貨の下落の理由については**3.**で説明したい。

② 総資産の推移

2013年6月30日　　163.21百万USD
2014年6月30日　　282.10百万USD
2015年6月30日　　237.97百万USD
2016年6月30日　　197.76百万USD

2015年6月30日と2016年6月30日の差は-40.21百万USDであるが、内訳は植林資産が-15.09百万USD、植林用土地が-11.73百万USD、工場・設備・機器が-7.72百万USD、その他-5.67百万USDとなっている。

GR社が連結財務諸表で使用している米国通貨USDとモザンビーク通貨メティカル（Metical：MZN）との為替レート（USD／MZN）は、2015年6月30日は35.34であったが、2016年6月30日は、63.29で、1年間で179％となっている（2014年6月30日30.77と比較すると206％となっている）。

GR社の子会社は、タンザニアに8社、モザンビークに4社、ウガンダに2社、スウェーデンに1社、ノルウエーに1社あるが、それぞれの会計はそれぞれの国の法定通貨で計算されるが、連結財務諸表は米国通貨に換算している。モザンビークの通貨メティカルの下落がGR社のバランスシートを痛めている。2016年8月にGR社は資本金を5分の1に減資した。

3. グリーン リソーシズ社を襲った想定外の事態

2013年9月にモザンビーク政府は初めて国際資本市場で8.5億USDの外債を発行した。目的は新設の国営マグロ企業EMATUM社が発行する債券の政府保証に充当するとしていた。ところが2015年からEMATUM社は債権の償還ができなくなり、政府が代わりに償還することになったが、政府は資金繰りが苦しいので投資家に債権交換を提案した。割引分を6.3％から10.5％にし、満期を2020年9月から2023年に変更したのである。このことに加えて、急拡大した財政運営により国家財政の赤字幅がGDPの10％を超えていた政府は、世界の投資家や金融機関から信用を失った。この結果、モザンビークの通貨は下落した(図9-2)。GR社も大きな痛手を被った(図9-2)。

2016年4月にIMFはモザンビーク政府に対し10億USDを超える対外債務の報告漏れがあることを指摘した。同政府は正念場に立たされている。

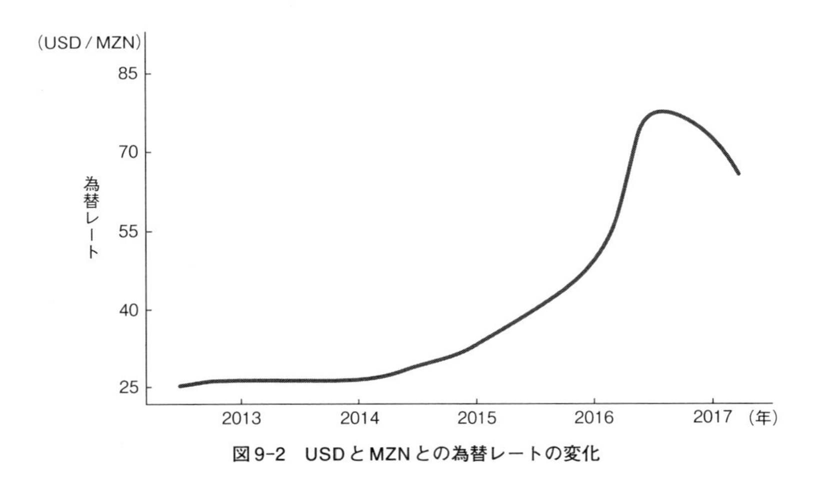

図9-2 USDとMZNとの為替レートの変化

4. おわりに

海外で事業(投資、融資、輸出入取引も含む)を行う場合、最も重要な事はカントリーリスクの把握と回避である。政治(国内紛争、クーデター)、経済(対外債務不履行、超インフレ)、社会(汚職、犯罪多発)など、リスクは数え上げれば限がない。一般的に、開発途上国はカントリーリスクが高いと言われている。大規模植林事業の場合は、これに環境(乾燥被害、水害、病虫害、山火事)が加わる。GR社の場合は、少なくとも、対外債務不履行、乾燥被害、山火事の3つに巻き込まれてしまった。

今後、どのような影響を及ぼすか予測が難しいものに“人口増加”がある。人口が増えると木材需要も増えるので、植林事業側から見るとプラスの要因である。国連の「2012年世界人口予測」によると、2050年の各国人口の推計(2012年対比)は、ウガンダ共和国が1億400万人(2.9倍)、タンザニア連合共和国が1億2,900万人(2.7倍)、モザンビーク共和国6,000万人(2.4倍)である。

人口が増えると食料需要も増えるので、農地を現在の2～3倍に増やす必要が出てくる。農地需要が植林地を圧迫する可能性は無いとは言えないのである。

（大渕弘行）

参考文献等

1) グリーン リソーシズ社　http://dev.greenresources.no/(2017年3月31日閲覧).
2) 国連人口部　https://esa.un.org/unpd/wpp/(2017年3月31日閲覧).
3) 一般社団法人海外林業コンサルタンツ協会(2013)2013年版開発途上国の森林・林業.
4) 古高輝顕(2016)モザンビークの光と影～成長への期待と足元の不安. 一般財団法人海外投融資情報財団機関誌「海外投融資」2016年5月号.

第Ⅲ部
補　　論

TIMOによる森林認証材の船積みの様子（オーストラリア）

補章１　国際会議“Who Will Own The Forest? 13”

ワールド フォレストリー センター(World Forestry Center：WFC)は、1967年に設立された非営利団体で、同系列のワールド フォレストリー インスティテュート(World Forestry Institute：WFI)が、世界の持続可能な林業の発展のためのセミナーや国際会議を開催している。また、WFCは、オレゴン州ポートランド市のサウスウェスト(南西)地区にある160 ha(東京ドーム35個分)を超えるワシントン パーク(Washington Park)に、1971年にディスカバリー ミュージアム(Discovery Museum)を開設し、各種展示により持続可能な林業に関する教育を行っている。

1. 国際会議“Who Will Own The Forest? 13”

WFIは、毎年、WFCのディスカバリー ミュージアムにおいて、TIMOやREITなどの森林投資に関する国際会議“Who Will Own The Forest?”を開催しており、今般、日本製紙連合会委託による海外産業植林センターの調査報告書[1)]においてその概要が掲載されているので紹介する。当該会議は第13回目であり、森林投資関係者のみならず、林業関係の企業、大学、研究所、調査会社の関係者、コンサルタントなど約400名の参加者があった。会議のプログラムは以下のとおりである。この中で、特に森林投資関係者にとって興味深い発表は、(1)最適な鑑定評価実行とNCREIFティンバーランド インデックス、(2)投資成果改善のための革新的経営と投資体制、(3)伐採計画と造林投資の決定である。

補-1 ディスカバリーミュージアム

補-2 同左会議室

Who Will Own The Forest? 13

○ 2017年9月13日

1. 森林分野におけるマクロ経済問題
2. 森林投資家の見通し
3. NCREIF（森林投資インデックス）の測定
4. TIMOの次はどうなるか？
5. 税務及び規制に関する諸問題
6. 誰が森林を管理するか？

○ 2017年9月14日

7. 森林経営と計画
8. 国際投資と市場
9. 炭素市場

(1) 最適な鑑定評価実行とNCREIFティンバーランド インデックス

森林投資を行うにあたって最も重要な森林資産鑑定評価の参考となる代表的な森林投資インデックスとして、NCREIFティンバーランド インデックスがある。NCREIFは、National Council of Real Estate Investment Fiduciaries（不動産投資信託受託者協会）の頭文字である。この指標はトータルの市場価値で示されており、森林資産の実際の取引価格と不動産鑑定評価から算定されている。実際の取引価格は正確なものだが、売買されていない森林資産の四半期ごとの鑑定評価については、どうしても推定値が含まれるという欠点がある。1987年から数値があり、現在、米国の北東部、西部、南部の3地域のインデックスが示されている。このインデックスには、収益とキャピタルリターンが含まれていて、1エーカー当たりの資産価格も分かるようになっている。このインデックスが対象にしている森林アセットの68％は南部地域のものである。NCREIFティンバーランド インデックスは、S&P 500（米国株価指数）ではなく、ダウ株価指数のようなものであり、市場がどのような傾向で動いているかという情報は得られるものの、自分の保有森林資産の業績のベンチマークとしては使うことはできない。いずれにしても、四半期ごとのインデックスが出されているので、会計監査における森林資産評価額の算定に使えるという長所がある。

このインデックスの外に、IPD森林インデックス（IPD UK Annual Forestry Index）というものがある。これは英国のMSCI（モルガンスタンレー キャピタル インターナショナル）が発表しているもので、ブリテン島の民間所有の森林アセット（主にシトカトウヒ（*Picea sitchensis*）の植林地）をもとに計算されている。1998年から発表されており、収益と資産価値のコンポーネントで構成されているが、NCREIFティンバーランド インデックスのように面積当たりの価格を出すことはできない。いずれにしても、IPD森林インデックスは、英国の森林を対象にした小規模な指標であり、個別のポートフォリオに適用することはできない。

また、John Hancock社が開発したハンコック ティンバー インデックス（JHTI：John Hancock Timber Index）というものもある。世界一のTIMOであるハンコック ティンバー リソース グループ（HTRG）は、このインデックスを使い続けており、NCREIFティンバーランド インデックスよりも高いリターンを示している。木材価格のみを参照にして計算されており、1960年から四半期ごとのデータがあるが、発表されるのは、年1回である。このインデックスは、公表されたデータだけを使っているのが長所であるが、土地の価格を含んでいないため、利回りが分かっても、単位面積当たりの価値が分からないのが欠点である。

さらに、TimberMart-South社が開発した南部ティンバーランド インデックス(STI：Southern Timberland Index)という指標がある。このインデックスは、基本的にコスト評価のアプローチを用いて算出されており、架空の資産に対して実際に公表されている木材と土地の価格を用いて計算されている。米国農務省が毎年公表している農地に関するデータを、森林裸地に換算しており、1980年から4半期ごとのデータがある。この指標は、50％が南部マツ植林資産の平均値を利用しており、収益と資産価値が分かり、単位面積当たりの価値も分かるようになっている。

このように、森林投資に関しては4つのインデックスがあり、NCREIFティンバーランド インデックスが最も多く使われているが、それぞれのインデックスには長所と短所があるので、ケースバイケースで適切に使用することが重要である。

(2) 投資成果改善のための革新的経営と投資体制

TIMOやREITのような森林投資企業が増加していく中で、そのような企業活動をサポートする新たなビジネスも生まれてきている。そのひとつの分野が森林投資アドバイザーである。1991年に森林投資業に参入を図った2つのデンマークのベンチャー企業によって設立されたIWCグループは、スカンジナビアのみならず世界の機関投資家に助言を行っている。IWCグループは、独自のデータベースを開発しており、17年間に投資を検討した300件以上の資産情報やIWCグループが保有管理している資産200件以上の情報を含め、合計で1,300件以上の投資資産の情報を管理している。TIMOには様々な形態があり、森林投資資産の管理運用に特化しているものや、IWCグループのように自ら資産運用を行いながらも、森林投資アドバイザーのサービスを行っているものがある。最近の傾向として、従来はTIMOを通じて森林投資を行ってきた機関投資家が、森林投資アドバイザーの助言を受けながら、価格設定を自らコントロールできる直接投資を行うケースをも出てきている。また、継続的にキャッシュフロー(現金収益／配当金)が得られる森林投資への関心が高まっている。従来は総合投資利回りを期待していたが、付加的な現金収益は投資リスクの軽減となることから、現金配当が得られる場合には、総合投資利回りが多少低くても受け入れる傾向が出てきている。投資期間についても、10年、15年といった短期のものから、取引費用を軽減するために長期的な投資を好むようになってきている。

もうひとつの分野が、森林施業管理者(オペレーター)である。過去15年くらいの間、TIMOは総合的な組織であるか、分社的な組織であるかという議論が行われてきた。投資戦略企画、資金調達の機能から、資産管理、森林施業に至るまですべてを一つの組織のもとで総合的に行うか、一部の業務を外部委託(アウトソーシング)するかということであり、森林施業の部門をTIMOから外注して行うのが森林施業管理者である。森林施業管理者は、戦略企画担当者や資産マネージャーではなくファシリテーター(facilitator：進行役)であり、森林経営の模範事例(best practice)を蓄積し、TIMOに提供することが主要な役割である。例えば、森林投資において森林インベントリー(inventory)の作成が重要であるが、森林資産の監査は年1回がいいのか、2回がいいのか、現場作業員のモニターは週1回がいいのか、2回がいいのかなど、どのような手法や手順で行ったらいいかという標準作業手続きがないため、その最適な模範事例(best practice)をTIMOに提供するのが森林施業管理者の重要な業務である。これにより、毎回、プロジェクトごとに森林インベントリー作成の作業手順を検討し、作成するという煩雑なプロセスを省略することができる。森林施業の分野を外注することによって、森林施業管理者は選択と集中で規模の拡大を図ることもできるので、コスト削減につながることから、このようなビジネスモデルが増えてきている。

(3) 伐採計画と造林投資の決定

森林投資において、長期的伐採計画は、主に2つの目的のために策定される。ひとつは林地の取得とその継続的な開発計画のためであり、もうひとつは伐採作業と造林投資計画のモニタリングを行うためである。森林施業管理者は、森林インベントリーのデータに基づき、林木の収穫予想を考慮した成長モデルを作成し、その最適解を求めるため、線形計画(Linear Program：LP)を用いて、資産価値を最大化する伐採計画を策定する。森林インベントリーのデータ、林木の成長モデル及びLPモデルについては、現状ではかなり楽観的な予測データに基づいており、常にバイアスがかかっており、予測どおりの収穫を得られる確率は5～10％であり、残りの90～95％は実際の収穫量は不足するのが実態である。森林インベントリーデータは、最新のデータと5～10年以上も前の古いデータが混在しているうえに、将来的な林木育種の改善は組み込まれていない。林木の成長モデルには、森林火災、冷害、干ばつ、病虫害など成長を阻害するリスクは反映されていない。また、LPモデルには、現時点の木材価格や市場の動向に基づいて計算されており、製材所の閉鎖や他の土地利用との競合など不確定要素は排除されている。これにより、伐採量や品質面などで年間1％の誤差があっても、15年間の投資期間においては、資産価値で19～23％もの違いが出てくることに留意する必要がある。このため、伐採計画をより正確なものにするために、実績値とモデルによる試算値を常に比較し、情報をアップデートし、新しい試算結果により修正するなど、現実をモデルに反映させる必要がある。その際には、現場の森林技術者（フォレスター）にモデルを検証する機会を提供することが極めて重要である。さらに、独立した第三者機関の専門家の意見を取り入れることも有効である。

（上河　潔／大渕弘行）

参考文献等

1）海外産業植林センター（2018）海外植林事業の新たな経営手法の開発調査．平成29年度報告書，63-103頁．

補章2　TIMO上位30社のプロフィール

第2章では世界の大森林所有の現状を見てきたわけであるが、その中でも特にTIMOに触れることが多かった。わが国でも、第2章の注2に示すように、TIMOに関する研究がそれなりに行われているが、個々のTIMOについて具体的に紹介されることは少なかった。そこで以下では、第2章と同じくRISIの資料に基づき、TIMO上位30社のプロフィールを紹介する。

(1) Hancock Timber Resource Group

Hancock Timber Resource Group (HTRG)は580万エーカー(232万ha)と115億USドルの立木地資産を管理している世界最大のTIMOである。HancockはTIMO設立の父と呼ばれる一人であり1985年に設立された。HTRGはManulife Financial Corporationの完全子会社であるHancock Natural Resource Group Inc.の一部門である。Manulife Financialはカナダを本拠地とし、8万4,000名を雇用する巨大な金融サービス会社で、アメリカ合衆国においてはJohn Hancockとしてビジネスを展開している。

Hancockは頻繁に林地の売買を行っている。2016年5月末現在でHancock社が所有している林地は次のとおり。

① アメリカ合衆国：アメリカ北部に14万1,000ha、アメリカ南部に96万ha。アメリカ西部に56万ha、など合計168万ha。

② カナダ：ブリティッシュコロンビア州に2万ha。

③ オーストラリア：ヴィクトリア州とクイーンズランド州に37万ha。

④ ニュージーランド：23万ha。

⑤ ブラジル：Hancockは南部ブラジルにいくらかのマツの林地を所有してい

たが、その林地は伐採後にKlabinに売却されたため、2016年現在ブラジルに所有している林地はない。

⑥ チリ：2014年にHancockはMasisaの6万2,000 haの土地の80％を手に入れ、これには3万6,000 haのマツの造林地が含まれている（Masisaは残りの20％を持ち続けている）。

2016年の主な林地取得にはThe Forestland Groupから買収した北部ミシガン州の14万haが含まれている。Hancockは現在アメリカ内の38万6,000 haの森林を売却する過程もしくは売却のための準備をしている。

(2) Campbell Global

Campbell Global社はかつてThe Campbell Groupとして知られていた。2014年、このTIMOは、単なる北米の会社としてではなく、世界的な拡大に焦点をあてていくことを重要視して、自身をリブランドした。この会社は、2016年3月末現在で2,180億USドルの総資産を管理しているOld Mutual Asset Management（OMAM）に所有されている。OMAMは1846年にロンドンに設立された国際投資、貯蓄、保険、銀行業グループであるOld Mutual Groupの一部である。

CampbellはHancock Timber Resource Groupに続く世界第2位のTIMOで、現在56億USドルの資産を管理している。この会社は長い間アメリカ太平洋岸北西部（PNW）だけの森林管理に焦点を絞っていて、1981年にまず森林管理会社として始まり、Hancock TimberのPNWのポートフォリオを10年以上に渡って管理していた。1990年代には変わらずPNWでの資産の管理と取得に焦点を当ててTIMOとしての事業を拡げたが、2007年にTemple-Inlandの140万エーカー（56万ha）の森林を獲得したことによってアメリカ南部にも広がった。2012年にCampbellは、南オーストラリアの連邦政府造林地所有者（state government forest plantation owner）であるForestry South Australiaからマツの造林地の将来の伐採権を獲得したことによって"グローバル"となった。2016年初期でCampbellが所有しているのは全部でおよそ260万エーカーで、そこに含まれているものとしては次のとおり。

① アメリカ南部に80万ha。

② アメリカ西部に14万ha。

③ 南オーストラリアに23万エーカー(9万2,000 ha)(うち造林地約20万エーカー)。

2016年、Campbellはかつて Menashaが買収した5万2,000 haの森林をForest Investment Associates(FIA)とRayonierに売却し、また伝えられるところによると、テキサス東部でCalPERSのために管理している44万haを売却するとされているが、これに関しては2017年以前にこの資産の売却が進んでいるとの確認はない。

(3) Forest Investment Associates

Forest Investment Associates社は1986年に設立された初期のTIMOのひとつである。現在FIAは100万haの森林地を含む49億USドルの資産を管理している。材木地資産に含まれているものとしては次のとおり。

① アメリカ南部におよそ72万ha。

② アメリカ北部に10万4,000 ha。

③ アメリカ西部に11万ha。

④ ブラジルの3つの州に7万ha、うち5万haが植栽されている。

経験豊富な林地の買収チームは、林産会社、REIT、TIMOの他、個人の土地所有者から日常的に林地の供給を確保している。Forest Investment Associatesのフォレスターは成長と収穫を最大限に利用するために、顧客の土地を集約して管理している。

FIAの事務所はジョージア州のAtlantaとStatesboro、ペンシルベニア州のSmethport、ワシントン州のVancouver、ミシシッピ州のJackson、ブラジルのSao Paul、そしてメキシコのMonterreyにある。

この会社の機関投資家の顧客の中には、アメリカとヨーロッパの最大の公的及び組合組織の年金機構の多くが含まれている。

2016年の前半期、FIAはサウスカロライナ州の2万haの森林をCatch Markに売却したが、ワシントン州の2万2,000 haの森林をReyonierから買収している。

(4) Resource Management Service, LLC (Limited Liability Company)

Resource Management Service, LLC(RMS)社はアラバマ州Birminghamで1950年に設立されて以来、主としてアメリカ南部で林地の管理を行っている。この会社は個人や会社の顧客のために土地を管理していたが、1985年にアメリカ南部地域においてHancock Timber Resource Groupの地域土地管理者となることによってTIMOとしての時代に入った。Hancockとの関係はRMS自身が独立した森林投資管理者となった2004年の初期まで続いた。RMSは現在108万ha、45億USドルの資産を管理する世界第4位の大きさのTIMOである。

管理下にあるほぼすべての森林(94万ha)はアメリカ南部の9つの州にある。

加えてRMSが海外に所有しているものとしては次のとおり。

① 南部ブラジルの4万3,000haのマツの森林、うちおよそ3万haは人工林。

② 中国広西省のおよそ2万4,000haのユーカリの造林地。

③ 2014年にこの会社は、ニュージーランドWellingtonの近くにGreater Wellington Regional Councilが持つ5,430haのラジアータパイン造林地における長期(60年間)の伐採権獲得の入札に成功している。

④ 2014年から2015年にかけてRMSは、数年間管財人管理下にあったFEAの林地や造林地と同じように、タスマニアで2つの小規模な造林地を手に入れた。これによって得た土地は合わせて8万5,000haで、90%がユーカリ、10%がマツであると自身で報告している。

(5) Global Forest Partners

Global Forest Partners(GFP)社はその本部をニューハンプシャー州のLebanonに置き、1982年にResource Investments Inc.(RII)として設立された最初のTIMOのひとつである。1995年から、経営陣による自社買収(management buy out)によって現在のGFPの所有権を得た2003年までの間はUBSの子会社であった。

GFPとその前身は、1992年のニュージーランドでの大規模投資や同時期のチリでの投資などを含め、北米以外の地域での材木地投資の先駆者となっている。

この会社の管理する資産は31億USドルで、それによりRISI社のTIMOの調査において第5位にランクしている。GFPは8つの国におよそ130万エーカー(52万ha)の生産目的の人工林を管理し、そこに含まれているものとしては次のとおり。

① ブラジル：11万ha。RISI社の試算では、この造林地の55%がユーカリ、45%がマツ。

② チリ：3万9,600haの造林地、うち95%はラジアータパイン、5%はユーカリ。

③ コロンビア：1万6,000ha。うちおよそ5,000haは既に*Eucalyptus pellita*の造林地、残りも造林予定。

④ グアテマラ：1万5,000haのチークの植林地、これによりGFPは西半球で最大のチーク植林地の管理者のひとつとなっている。

⑤ ウルグアイ：8万ha、うちおよそ25%がユーカリ、75%がマツ。

⑥ オーストラリア：15万4,000haの人工林、うち58%はユーカリ、42%がマツ。

⑦ ニュージーランド：10万haのラジアータパイン。

⑧ カンボジア：6,000ha以上の植林可能なエリアで、2つの新しいゴムの植林地が開発されている。

(6) BTG Pactual Timberland Investment Group

BTG Pactual Timberland Investment Group(TIG)は古くからのTIMOのひとつ。そのルーツは1981年のアトランタのファースト ナショナル バンクにさかのぼる。その中の林業グループは、最初Wachovia Bankによって買収され、その後、2004年にRegions Financial Corporationによって買収された。これがRMK Timberlandとしてビジネスを開始し、その後Regions Timberlandに代わり、そして2013年、ブラジル最大の投資銀行であるBTG Pactualによって買収された。TIGは北アメリカ以外では最大の林地投資会社である。経営している森林は次のとおり。

① アメリカに41万8,200ha(南部に18万7,000ha、北部に22万6,000ha、西部に920haなど)。

② ラテンアメリカに19万8,000ha(グアテマラに6,510ha、ウルグアイに2万

8,000ha、ブラジルに16万1,000ha)。これらは森林面積であり、造林面積ではない。また裸地も含まれているが、数年中に造林する予定。グアテマラの森林はほとんどがチークの造林地、ウルグアイの森林はユーカリの造林地、ブラジルの森林の大部分は製鉄用木炭のためのユーカリ造林地。

③ ヨーロッパに1万2,000ha(エストニアに8,100ha、ハンガリーに3,600ha)。エストニアの森林は典型的な針葉樹林、ハンガリーの森林はバイオマス用ポプラの造林地。

④ 南アフリカに5万600ha。

(7) GMO Renewable Resources

GMO Renewable Resources(GMORR)社は、ボストンを本拠地とし、1,000億ドル以上を管理する民間投資管理者であるGrantham Mayo Van Otterlooの子会社である。RISI社の調査ではGMORRは27億ドルの委託資金を管理し、8か国におよそ140万エーカー(56万3,900ha)をもつ7番目に大きなTIMOである。GMORRはかつて大規模な森林資産を基盤としていたが、資産のいくつかを高値で売却して利益を得てきた。GMORRは農業分野でのポートフォリオも開発している。2016年現在で所有しているものとしては次のとおり。

① アメリカ合衆国：36万8,700ha(北部に17万7,700ha、アパラチアに5万9,700ha、南部に11万8,600ha、北西部太平洋岸に3,000ha、ハワイに9,900ha(ユーカリ))。

② オーストラリア：5万6,700ha、オーストラリアンサンダルウッドとアフリカンマホガニーが半分ずつ。

③ ニュージーランド：3万8,200ha、ほとんどすべてラジアータパイン。

④ ラテンアメリカ：10万300ha、ブラジルに6,700ha(パイン)、チリに1万5,400ha(ほとんどユーカリ)、コスタリカに3,300ha(チーク)、パナマに3,300ha(チーク)、ウルグアイに7万1,700ha(いくらかの農地が含まれるがほとんどがパインとユーカリ)。

GMORRは常に「土地利用の効率を最大限にするため材木地資産の補助」として農業用地を管理してきたが、このグループにおいて農業への投資は最近更に強く注目されてきている。

(8) The Forestland Group

The Forestland Group(TFG)はノースカロライナ州のChapel Hillを本拠地とし、1995年に設立された。このTIMOは広葉樹林の管理と取得に焦点をしぼりユニークなニッチ市場分野において堅固な地位を築いてきた。The Forestland Groupは管理資産(26億ドル)という点では第8位にランクされるが、管理する森林の面積(136万ha)では第3位にランクされる。2016年半ばで管理している資産に含まれるものとしては次のとおり。

① アメリカ合衆国におよそ128万ha、これには南部10州の42万haと北部13州の77万haが含まれる。

② カナダのケベック州に1万7,000haとオンタリオ州に6万5,000ha。

③ ベリーズに9万7,000ha(ネイティブ樹種の広葉樹林)。

④ コスタリカに3,500ha(ほとんどがパイン)。

⑤ パナマに3,000ha(チーク造林地)。

TFGが更にユニークなことは、管理する材木地のほとんどが、FSCの森林認証を受けているという点である。2005年、TFGはAnderson-Tully Companyの全株式を取得したが、ここはアメリカ南部4州に13万haの広葉樹林とミシシッピ州Vicksburgに国内最大級の広葉樹製材工場を所有していた。TFGは2008年にベリーズの広大な広葉樹林を購入したことによって、初めて国際資産を獲得した。これは初めてというだけでなく、2016年までの唯一のベリーズにおける機関投資家による森林取得であり、世界でも非常に少ない広葉樹林への投資のひとつとなっている。TFGは2009年にはコスタリカの資産を取得し、2013年にはパナマに移動した。この会社は一連の限定的なパートナーシップと民間のREITを通じて、130の異なる組織から高額の投資を行っている投資家と機関投資家からの両者の投資を管理している。

(9) New Forests

New Forests社は2005年に設立され、2010年に最初の林地投資を行った。この会社はオーストラリアに本部があり、そのファンドマネージャーは、過去

6年間、経営する林地から世界的に見ても高い森林資産の成長を確保してきた。2016年6月30日に終了する4半期で、30億オーストラリア・ドル(22億3,600万USドル)の資産増加を報告している。New Forests社は世界で9番目に大きいTIMOとなった。New Forests社の親会社はオーストラリアに本社があり、投資を受け付けるオフィスをシンガポールとサンフランシスコに持っている。

同社は、オーストラリアに23万8,000haのユーカリの造林地を経営しており、そのうちの10万haはオーストラリア本土に、残りはタスマニアにある。

主要な造林地は伐採後再造林される。再造林されないところは他の土地利用に使われるか売却される。New Forests社は上記の他、オーストラリアに3か所のラジアータパインの造林地を持っており、それらは合計9万1,000haで、タスマニアのグリーン トライアングルとニュー サウス ウェールズの間にある。New Forests社はオーストラリアとニュージーランドのファンド、ANZFFとANZFF2を通して、ニュージーランドの森林を積極的に購入しており、過去数年で1万7,700haのラジアータパインの森林を取得した。

森林の取得に加えて、同社は2013年、Gunn's receiversから2つの製材工場を取得した。この工場はタスマニアのBell Bayと南オーストラリアのTarpeenaにあり、New Forests社のANZFFファンドのポートフォリオの会社であるTimberlink Australia Pty Ltd.社によって運営されている。Timberlinkは、2015年9月にニュージーランドのBlenheimにある製材工場をFlight Timbers社から購入し、2016年に1,000万ドルで設備の更新を行ったと発表している。2015年10月、New Forests社はNew Forests Timber Products Pty Ltdを新たに完全所有の事業として開始することを発表した。この会社は年間グリーン材で400万トンのウッドチップを生産し、これはすべてNew Forests社のオーストラリアにおける広葉樹投資に向けられるとのことである。

同社は、アメリカでは、Forests Carbon Partners, L.P.社を運営し、Eco Products Fundsを共同経営している。それは、森林による二酸化炭素の吸収・環境保全に投資する会社である。2016年6月、Forests Carbon Partners社はアメリカの森林10万9,000ha以上をカバーする12の二酸化炭素を吸収する森林プロジェクトを管理している。

(10) Brookfield Timberland Management

Brookfield Timberland Management社は巨大なBrookfield Asset Management社の一部で、この親会社は様々なタイプの資産を合わせて2,400億ドルの資産を経営する会社である。

Brookfield Timberland Management社は370万エーカー(148万ha)、およそ22億ドルの森林資産を経営しており、その中にはカナダ東部に130万エーカー(52万ha)の国有林の伐採権を含んでいる。同社は世界で10位の森林資産を経営している。これらの森林資産は次のとおり。

① 子会社であるIsland Timberland社が、カナダBC州のバンクーバー島に25万haの森林を所有。Brookfield社は、2013年、この森林資産の25％を1億7,000万ドルで他社に売却したが、今なお経営を継続している。

② 同じく子会社であるAcadian Timber Corp.社がカナダのニュー ブランズウィックおよびアメリカのメイン州に96万haの森林を経営しており、その中には52万6,000haのカナダ国有林の伐採権保有の林地、アメリカのメイン州に12万haの賃借地、カナダのニュー ブランズウィックに31万haの賃借地が含まれている。

③ 同じく子会社であるBrookfield Brazil Timber社はブラジルで27万haの森林を経営している。このうちの最大の部分は2013年にFibria社から取得した20万5,000haのユーカリ造林地である。

(11) Molpus Woodlands Group, LLC

Molpus社はもともと100年以上前の材木会社であったが、1990年代に自身を巨大な林地管理会社として設立し直した。Molpus Timberland Management社は2015年にMolpus Woodlands Groupと合併して、ミシシッピ州のJacksonに本拠地を置いている。Molpusはアメリカ全土に80万ha、22億ドルの資産を管理し、現在第11位のTIMOとしてランクされている。2012年にMolpusは別の大きなTIMOであるForest Capitalの林地を購入するためにHancockと組んだ。この取引の一部としてMolpusはミネソタ州の11万6,000ha、ルイジアナ州の4万5,000ha、アイダホ州の5万6,000haを選択した。Molpusの現在の林地資産としてカウントされるものは次のとおり。

① アメリカ北部の32万9,000 ha(ケンタッキー州、ミシガン州、ミネソタ州、ニューヨーク州、ペンシルベニア州)。

② アメリカ南部の40万7,000 ha(アラバマ州、アーカンソー州、フロリダ州、ジョージア州、ルイジアナ州、ミシシッピ州、ノースカロライナ州、オクラホマ州、テネシー州、テキサス州、バージニア州)。

③ アメリカ西部の6万6,000 ha(アイダホ州、ワシントン州)。

2014年、Molpusは拡大を続け、アメリカ南部の4万6,000 haとニューヨーク州に4万5,000 haを取得。2015年にはアメリカ西部の1万1,000 haとルイジアナ州に7万8,000 haを取得し、2016年の上半期にはアメリカ南部の3万5,000 haを購入した。

(12) Societe Forestieredela Csaisedes Depots

Societe Forestieredela Csaisedes Depots社は1966年に設立され、今日なおヨーロッパでは最大の森林管理会社で、銀行や保険会社などの機関投資家・私的な森林ファンド・個人の投資家などに代わって1,000種以上の広葉樹・針葉樹の森林を経営・管理している。

この会社はフランスに約27万ha、20億ユーロに相当する森林を持っている。

加えてこの会社は、1995年以来、FNSAFERおよびTerres d' Europ(SCAFR)との共同で、フランスの森林のためのマーケット インデックスを出版しており、フランスの森林投資家にとって便利な情報となっている。この会社は毎年7,000～8,000 haの森林の販売を手掛けている。2016年現在、第三者が所有する森林の受託管理をしているが、世界12位のTIMOである。

(13) Timberland Investment Resources

Timberland Investment Resources(TIR)社は2003年に設立されたTIMOで、ジョージア州のAtlantaに本部を置いている。現在管理している資産は約15億ドルで、RISI社の調査では第13位のTIMOとなる。2015年の終わりでTIRはアメリカに、南部12州にまたがる29万haと、北部3州の2万7,000 haを合わせて、31万7,000エーカーを所有している。

(14) Greenwood Resources

Greemwood Resources(GWR)社は1998年に設立され、機関投資家のための造林地管理と開発を専門とする林地投資のアドバイザーである。投資戦略は、森林管理、よりよい樹木の育成、アメリカ国内と国際的な成長市場のための樹木の育成に焦点があてられている。GWRは、自社が所有しているエリート・ポプラの品種開発(伝統的な森林製品向けとエネルギー市場向けの両方)で世界的に認知されている。2012年にTeachers Investment and Annuity Association／College Retirements Equity Fund(TIAA-CREF)はこのGWR社の大部分の株式を取得したが、GWR社は独立した企業として自身の管理と従業員で運営を続けている。

GWR社が管理、また委託している資金の総計はおよそ15億ドルで、それには2015年に終了した世界的な林業ファンドであるGlobal Timber Resources社への委託資金である6億6,700万ドルが含まれている。

GWR社の森林資産の多様なポートフォリオは先進国と新興市場国の両方に広がっており、北アメリカ、ラテンアメリカ、ヨーロッパおよびアジアにおける活発な森林取得により、2016年の7月現在、世界でおよそ13万5,000 haを管理している。

(15) Timbervest, LLC

Timbervest社の所有権は2013年9月末で12億ドル相当の24万7,000 haとされていたが、2016年初めの時点では11億ドル相当の22万5,000 haまで減少した。この会社の資産の49％はアメリカ南東部、21％はメキシコ湾岸諸州、15％は北東部、9％はアメリカ西部、そして6％はアパラチア地方にある。この会社はアメリカ国外への投資は行っていない。

(16) Wagner Forest Management

Wagner Forest Management社は60年以上にわたって森林を管理していて、TIMOと森林管理コンサルタント企業の両者としての活動を行っている。Wagner社のような会社については、どこまでが森林管理者でどこからがTIMOなのかの整理は簡単ではないが、Wagner社はおよそ20の顧客の代理として総計101万2,000 haを管理していて、それに含まれているのは次のとおり。

① Bayroot LLC、Moxie Tree Farmsとして知られるメイン州とニューハンプシャー州にある23万3,000 haの林地。

② Cumberland Tree Farm、ノヴァスコシアのAtlantic Star ForestryとNova Star Forestryの19万5,000 ha。

③ Meriwqeather LLC、メイン州のPenobscot Tree Farmとして知られる7万5,000 ha。

④ North Star Forestry LLC、オンタリオ州のNewaygoand Voyageur Tree Farmsとして知られるおよそ34万4,000 ha。

⑤ Typhoon LLC、メイン州のSunrise Tree Farmとして知られ、およそ16万2,000 ha。

(17) FIM Service Ltd

FIM社はイギリスで37年にわたって林地投資に携わり、15年前からは再生可能エネルギー分野にも参入してきた。現在トータルで9億USドル以上の資産を経営・管理している。そのうち7万haがイギリスにある森林資産で、北ヨーロッパおよび東ヨーロッパにも森林資産を持っている。FIM社は世界17位のTIMOである。FIM社が経営している森林資産の65%以上は自社のファンドで所有しているもので、残りはプライベート森林所有者に代わって経営を行っているものである。

(18) Floresteca

Floresteca社は1994年に設立され、世界最大のプライベートのチーク会社であるといわれている。ブラジルで4万haのチーク造林地を経営しているが、それは自社所有のチーク造林地と他の投資家の森林の両方が含まれている。およそ3万5,000 haあるMato Grosso州には2万500 haのチーク造林地を持っている。また4万9,000 haあるPara州には1万8,300 haのチーク造林地がある。これらはラテンアメリカ最大のチーク造林地経営者であると考えられる。多くのヨーロッパの林地投資ファンドや北アメリカの林地投資ファンドが、この会社を通じてチークに投資をしている。

(19) Conservation Forestry LLC

Conservation Forestry LLC社はニューハンプシャー州Exeterにあり、「大規模な森林を取得および管理する目的で、未公開株式と保全資本(conservation capitals)を調整する」投資組織であるとしている。2016年初めにおいて管理している資産は26万6,000 ha(7億5,000万ドル)、そのうちの57％はメイン州にあり、残りはアメリカの木材生産地に広がっている。

(20) Dasos Capital Oy

Dasos Capital Oy社はヘルシンキを本拠地とし、2つのDasos Timberland Fundのための投資アドバイザーの会社である。この2つのファンドはいずれもルクセンブルクで登記されている。Dasos社はヨーロッパを本拠地とする林地投資ファンドとしては比較的成功している会社のひとつで、経営資産は4億3,500万ドルである。

ファンドの資産の大部分はヨーロッパの国にあるが、マレーシアのサバのプロジェクトにも投資している。投資額の70％はヨーロッパに、30％は発展途上のマーケットという具合に、多様で世界的規模でのポートフォーリオを展開している。

ターゲットとしている樹種は、ノルウェースプルース、スコッチパイン、カバ、ブナ、アカシア、ユーカリなどで、すこし少ない割合でヤナギ、ポプラ、チーク、および亜熱帯性のパインである。2015年、Dasos社は北ヨーロッパで最大の独立した森林所有者のひとつであるFinisilva Plcの株を50.1％取得した。

今日13万haの森林資産の半分を所有しているわけだが、残りの株の所有者はMetsalitto CooperativeとEtera Mutual Pension Insurance Companyで、この2社でそれぞれFinisilvaの株の19.8％ずつ所有している。昨年Dasos社は、少なくとも4万haのヨーロッパの林地を取得した。

(21) Lyme Timber Company

Lyme Timber Company社は1976年に設立され、現金収益と独特な保全価値のある資産の獲得のための林地運営を専門とすることで、TIMOの世界で自身のための特定市場を作り挙げてきた。Lyme社の本拠地はニューハンプシャー州のHanoverにあり、現在のところ26万7,000haを含む4億ドルの資産を管理している。この会社はニューヨーク州、テネシー州、フロリダ州、ウィスコンシン州、カリフォルニア州に主な森林資産を持っている。以前はケベックにも林地を所有していたが、それらの資産は売却されている。

(22) Pinnacle Forest Investments, LLC

Pinnacle Forest Investments, LLC社はPinnacle Timberland Management, Inc.社によって完全に所有されている子会社のひとつである。Pinnacle Timberland Management, Inc.社は2008年8月にこの事業の独占的なオーナーであるBarry BeersとHank Pageによって設立された。現在管理しているのはメイン州北部のおよそ11万6,000haと南東部の9州にまたがる3万9,000haを含む総額3億7400万ドルの資産である。Pinnacleはアメリカ国内の林地にフォーカスした新しい林業基金を開発していて、現在のところそのフォーカスを他の国に広げる計画はない。2016年8月、American Forest ManagementがPinnacleのメイン州の11万7,000haを入札で取得した。

(23) Olympic Resource Management

Olympic Resource Management(ORM)社はPope Resources社の林地管理を専門とした会社である。Pope Resources社はNASDAQに公的に上場されているMLP(Master Limited Partnership)で、その取引符丁はPOPEである。それは、1985年に太平洋北西部の森林会社であるPope & Talbotから分離独立した新会社であった。ORMが管理しているのはPope Resourcesが所有しているワシントン州の4万6,000haと2つの民間会社が所有している3万8,000haであり、これにはカリフォルニア州の7,600ha、オレゴン州の1万5,000ha、ワシントン州の1万5,000haが含まれている。Pope ResourcesはORMのすべての材木投資基金の共同投資者となっている。

(24) The Forest Company Ltd

The Forest Company Ltd社の本部はイギリスにあるが、森林資産のすべてはブラジルとコロンビアにある。この会社は機関投資家、家族的経営会社等を対象として非公開で募集した資金3億8,000万ドルで立ち上げられた投資会社で、2007年、Channel IslandのGurernseyで法人登記された。今まではブラジルとコロンビアの5つのプロジェクト、草地と造林地を合わせて4万5,968haに投資をしている。この会社はFSCの認証森林のプロジェクトに対し投資を行っており、伐採目的の天然林の取得は行っていない。

(25) Aitchesse Limited

Aitchesse Limited社はスコットランドのTIMOで、寄付金、家族的経営会社、専門的な投資家などから2億ポンド以上の投資を受け、およそ3万haの生産林地を経営している。2015年11月、Aitchesse社はロンドンに本拠地がある資産経営専門会社グループのひとつであるGresham House plc社に買収された。2016年2月Gresham House plcは、傘下のAitchesse Limited社が2,500万ポンドを目標としている新たな森林ファンドScottish Limited Partnerと再編しようとしていることを発表した。この新たな森林ファンドはスコットランドにある1,975haの森林を1,200万ポンドで取得する予定。

(26) Quantum Global Alternative Investment AG

Quantum Global Alternative Investment AG社は、未公開株への投資、投資の運営・管理、個人資産の運営・管理、マクロ経済分析、計量経済モデリングなどを行う世界規模のグループ会社である。Quantum Global社のチームは、木材ファンドへ2億5,000万USドルを投資しており、併せてインフラ、農業、鉱業、ホスピタリティー業界、ヘルスケアー業界、等に対しても投資を行っている。木材ファンドへの投資はアフリカのサブ サハラ地区に対する最大の木材投資である。

最近この会社は、アンゴラ政府から8万ha以上の造林地(ほとんどがユーカリ)のリースを受け、さらにアンゴラのPlanalto地区にチップ生産用の造林地を開発した。アンゴラ政府の古い造林地はこの会社のプロジェクトに合併された。アンゴラ政府の特別許可の一部として、この会社は今後5年以内に、およそ5,000万ドルの投資により、新たな造林、インフラ整備、木材加工工業を行うことを狙っている。

(27) Green Resources

Green Resources社は1995年、ノルウェーで設立・登記された会社で、アフリカで事業を展開している。設立以来2万6,000 ha以上の造林を行い、アフリカにおいて他のどのファンドよりも多くの造林を行った。2015年時点で、この会社の上位7つの株式所有者は、Diversified International Finance社(21%)、Phaunos Timber Fund社(14%)、New Africa / Asprem社(11%)、Macama Invest社(7%)、Steinerud社(6%)、The Resource Group TRGAS社(5%)で、残りは80近い会社及び個人の投資家が株を所有している。しかし、2016年Phaunos Timber Fund社はこの会社が所有していたグリーン リソーシズの株14%を売却し、その他の株式所有者も株を売却している。2016年中頃の時点で、グリーン リソーシズ社は4万1,600 haの造林地を所有しており、それは、モザンビークに1万8,000 ha、タンザニアに1万7,200 ha、ウガンダに6,400 haなどである。2016年中頃、グリーン リソーシズ社の造林地は、新たにGSFF社およびUPM社から手に入れた森林を除き、すべてFSCの認証を受けている。現在この会社は、ウガンダとタンザニアにおいて製材工場、タンザニアでチップ及び練炭プラント、ウガンダおよびモザンビークで柱生産プラントを経営しており、これらの工場の投資総額は1,600万USドルである。さらにこの会社の経営資産の総額は1億8,000万USドルである。

(28) Global Environment Fund

Global Environment Fund(GEF)は国際的なオルタナティブ資産マネージャーで、およそ10億ドルの資産を運営・管理している。1990年に設立され、ワシントンDCを本拠としている。GEF社は他の多くのTIMOより冒険好きであり、「先駆的な(pioneer)」国々に早くから進出し、いくつかのケースではその後の売却により利益を得ている。この会社は早くから南アフリカに進出し、2004年、SAFCOL(South Africa Forestry Company)の民営化に際して大量の権利を購入し、その多くを2007年に売却している。2008年にGEF社はマレーシアのサバ州北部のHijauan Bengkoka Plantationを購入したが、それはNew Forests社に転売された。またアルゼンチンCorrientesのEmpresas Verdes Argentinaのプランテーションも取得したが、同じようにこれはHarvard社に売却している。

現在この会社はその森林経営の事業のすべてをアフリカに集中させている。2016年半ばでGEF社は総額で1億6,000万ドルを投資し、約11万haの造林地をアフリカに所有しているが、これには南アフリカの8万ha(5万3,000haのパイン林と2万7,000haのユーカリ林)、エスティワニ(旧スワジランド)の2万2,000ha(ユーカリ林)、タンザニアの8,000ha(チーク林)が含まれ、これに加えてガボンに56万8,000haの天然林の使用権を所有している。

(29) Latifundium Management GmbH

Latifundium Management GmbH社は、ドイツを本拠地とする林地投資・経営会社で、1億3,000万ユーロ以上をフィンランド、アメリカ、パナマ、アルゼンチン、ウルグアイ、ニュージーランドに投資している。Latifundium社は現在、富裕層や資産家ファミリーを対象とした投資信託資金や、いくつかのマネージド アカウントの資金を運用している。この会社の最大の資産はフィンランドの約2万haの森林で、現在フィンランドで5番目に大きい森林所有者である。この会社は2016年の時点で、世界で29位のTIMOである。

(30) UB (United Bankers) Nordic Forest Management

United Bankers(UB)社はフィンランドを本拠地とする仲介業者である。この会社は1995年資産運営会社としてスタートし、2007年、United Bankers社のファンド運営と多様な投資への展開を目指してUB Fund Management Company Ltdとして再スタートを切った。2015年末までに、UB社は15のファンド、合計15億ユーロを運営するようになった。この15のファンドのうちのひとつがUB Nordic Forest Managementであり、このファンドの最初のものが2014年にスタートした。2016年までに、2つのファンドで、フィンランド東部で合計5万2,800ha、1億2,700万ユーロが運営されている。この会社がTIMO第30位である。

(餅田治之)

索　　引

英数字

あ　行

か　行

さ　行

た　行

な　行

は　行

ま　行

や　行

ら　行

わ　行

● 執筆者一覧

餅　田　治　之　MOCHIDA, Haruyuki
筑波大学名誉教授、大日本山林会副会長（はじめに、第2章、補章2）

上　河　　潔　KAMIKAWA, Kiyoshi
公益社団法人森林・自然環境技術教育研究センター事務局長、元日本製紙連合会常務理事（第1章、補章1）

増　田　美　砂　MASUDA, Misa
筑波大学名誉教授（第3章）

グエントゥトゥイ　NGUYEN Thu Thuy
ベトナム国立農業大学環境学部講師（第3章）

岩　永　青　史　IWANAGA, Seiji
国立研究開発法人森林研究・整備機構　森林総合研究所　林業経営・政策領域主任研究員（第4章）

小　坂　香　織　KOSAKA, Kaoru
筑波大学大学院生命環境科学研究科　日本林業調査会（第5章）

大　渕　弘　行　OBUCHI, Hiroyuki
産業植林研究会代表、元海外産業植林センター専務理事（第6章、第9章、補章1）

大　塚　生　美　OTSUKA, Ikumi
国立研究開発法人森林研究・整備機構　森林総合研究所　東北支所主任研究員（第7章）

堀　　靖　人　HORI, Yasuto
国立研究開発法人森林研究・整備機構　森林総合研究所　研究コーディネーター（第8章）

Forest Investment and Forestry Management in Foreign countries
What the world's forestry management asks
edited by Forest Investment Research Group

しょがいこくのしんりんとうしとりんぎょうけいえい
ーせかいのいくりんけいえいがとうものー
諸外国の森林投資と林業経営
ー世界の育林経営が問うものー

本書のHP

発行日：2019年9月30日 初版第1刷
定　価：カバーに表示してあります
編著者：森林投資研究会（代表　餅田治之）
発行者：宮　内　　久

海青社
Kaiseisha Press
〒520-0112 大津市日吉台2丁目16-4
Tel. (077) 577-2677 Fax (077) 577-2688
http://www.kaiseisha-press.ne.jp
郵便振替　01090-1-17991

ISBN978-4-86099-357-3 C3061 Printed in JAPAN 乱丁落丁はお取り替えいたします。